t.

TRAUNER VERLAG

UNIVERSITÄT

ALFONS STADLBAUER

Flipcharts for Business

Professionelles Visualisieren
für Besprechungen, Präsentationen
und Moderationen

Widmung

Ein Buch zu schreiben, bedarf kreativer Ideen und beansprucht viel Zeit. Beides bekam ich von meiner Familie. Daher widme ich dieses Buch meiner tollen Frau Ulla und meinen zwei über alles geliebten Kindern Pia und Tim.

Copyright © 2008
2. Auflage 2011
TRAUNER Verlag + Buchservice GmbH
Köglstraße 14, 4020 Linz, Österreich
Grafiken: Dr. Alfons Stadlbauer
Herstellung: TRAUNER Druck GmbH & Co KG, Linz
ISBN 978-3-85499-402-2

Ein Handbuch für Führungskräfte,
PräsentatorInnen und ModeratorInnen

Inhaltsverzeichnis

Einleitung

Kennen Sie folgende Aussage: „Wer in der Lage ist, komplizierte Dinge zu denken, der denkt auch die einfachen Dinge oft zu kompliziert!"? Gerade in einer Zeit, wo Systeme an ihrer konstruierten Komplexität und geschaffener Perfektion reihenweise gescheitert sind, hat das Bewusstsein für einfache Dinge wieder einen hohen Stellenwert bekommen. Auch in der Welt der Präsentationen ist nach der großen PowerPoint-Welle wieder Normalität eingetreten. Geblieben ist allerdings ein hoher Anspruch an Perfektion. Mit „Flipcharts for Business" gelingt es, auf eine ansprechende Art und Weise Informationen nachhaltig zu vermitteln und darüberhinaus, in einem quasi „menschlichen" Maß, perfekt zu sein. Alles, was Sie dazu brauchen, ist Ihr kreatives Potenzial und das Vertrauen in die eigene Zeichenfähigkeit. Auch ich war jahrzehntelang davon überzeugt, dass ich weder kreativ bin noch zeichnen kann. Heute

weiß ich, wie einfach es sein kann, diese Fähigkeiten bei sich selbst zu entdecken. Mit diesem Buch möchte ich Ihnen gerne zeigen, wie auch Sie komplizierte Dinge einfach und verständlich darstellen können.

Im Laufe der Zeit entwickelte ich vor allem für wirtschaftliche Unternehmungen eine Zeichentechnik, die es erlaubt, Visualisierungen bei Produktpräsentationen, Besprechungen, Vorträgen bis hin zu Moderationen mit oft nur wenigen Strichen in sehr kurzer Zeit zu realisieren. Zielgruppe für dieses Buch sind die dahinterstehenden Personen, zumeist VerkaufsmanagerInnen, Führungskräfte, TrainerInnen oder BeraterInnen.

Ganz allgemein kann man sagen, dass kein Thema, welches im Zusammenhang mit Präsentations- und Moderationstechnik steht, am Schwerpunkt Visualisierung vorbei kommt. Überall wird die Wichtigkeit und Notwendigkeit aufgezeigt und das folgende Zitat von Goethe bringt es auf den Punkt:

„Wir sprechen überhaupt zu viel, wir sollten viel mehr zeichnen!"

Wie Flipcharts Sie im täglichen Business unterstützen

Lange Zeit schon sind sich Experten darüber einig, dass Veranschaulichungen von Inhalten durch Visualisierungen wesentlich für die Aufnahme und das Verstehen von Informationen dienlich sind. In jeder Form des Kommunizierens zum Zwecke der Informations- und Wissensvermittlung gehen die Bemühungen des Senders immer dahin, beim Empfänger möglichst klare und detaillierte „Bilder im Kopf" entstehen zu lassen. Dies ist sowohl mittels Text als auch mittels Bildsprache möglich.

Bilder im Kopf fördern die Verständlichkeit von Inhalten!

Als Grundsatz lässt sich festhalten: Je abstrakter ein Inhalt ist, desto geeigneter ist die Wortsprache und je konkreter ein Sachverhalt ist, desto geeigneter ist die Bildsprache, um ihn eindeutig darzustellen. Das heißt aber trotzdem nicht, dass man einen abstrakten Inhalt nicht durch bildsprachliche Elemente verständlicher darstellen kann. Anhand eines kleinen Beispiels lässt sich diese Aussage leicht überprüfen: Erklären Sie jemandem den Begriff „Laptop" oder den abstrakten Begriff „Schlüsselqualifikation". Sie sehen selbst, wie hilfreich Visualisierungen sein können.

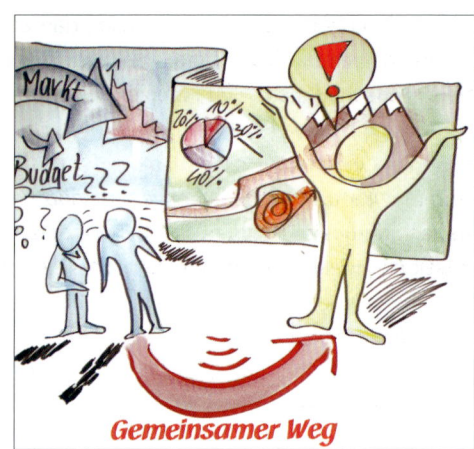

Gemeinsamer Weg

Zudem weisen diese gerade im täglichen unternehmerischen Tun, etwa bei Besprechungen, Verhandlungen oder Präsentationen viele weitere wichtige Funktionen und Vorteile auf:

Flipcharts for Business steigern die Motivation und Aufmerksamkeit

Visualisierungen am Flipchart bewirken eine hohe Aufmerksamkeit und fördern die Neugiermotivation, weil sie sinnliche Reize bieten. Betrachten Sie eine Seite in einer Fachzeitschrift, die sowohl Text als auch Abbildungen enthält. Wohin fällt Ihr Blick zuerst?

Kognitives Wissen benötigt Bilder und Emotionen

Flipcharts for Business lösen emotionale Reaktionen, wie etwa Lachen, Betroffenheit, Nachdenklichkeit aus. Positive Emotionen unterstützen den Behaltenswert von Informationen.

Professionelles Visualisieren am Flip hinterlässt Spuren im Gedächtnis

Bilder unterstützen das Behalten und Erinnern von Inhalten, weil ZuhörerInnen Elemente der Wortsprache mit Elementen der Bildsprache verbinden. Besonders stark im Gedächtnis bleiben live entwickelte Visualisierungen. Das ist ein besonderes Kennzeichen von Business-Flipcharts.

Visualisierungen am Flipchart fördern das Verstehen von Inhalten

Das Erkennen und Verstehen eines Sachverhaltes wird sehr stark unterstützt. Denken Sie etwa an Verkehrsschilder. Erklärungen der Wortsprache sind sehr oft viel umständlicher als bei der Bildsprache.

Die Strukturierung von Inhalten steigert den Behaltenswert

Flipchartzeichnungen werden als Ganzes wahrgenommen und können daher einen guten Überblick bieten. Beziehungen und Zusammenhänge zwischen den einzelnen Elementen werden auf einen Blick erfasst.

Komplexe Sachverhalte mit wenigen Strichen visualisieren

Visualisierungen ergänzen sprachlich dargestellte Inhalte, vor allem, wenn ein Überblick über einen bestimmten Sachverhalt gezeigt werden soll. Geeignet sind Flipcharts for Business auch beim Wissenstransfer von komplexen oder komplizierten Inhalten.

Flipcharts fördern Kommunikationsprozesse

Kommunikationsprozesse werden transparent, indem Gesprächsverläufe und Ergebnisse zeichnerisch dargestellt werden. Auch in Moderationen wird dadurch zur Demokratisierung von Diskussions-, Meinungsbildungs- und Entscheidungsprozessen beigetragen.

Flipcharts for Business sind die Quelle für Kreativität und Innovationen

Durch aussagekräftige Darstellungen werden eigene und andere persönliche Sichtweisen, Befindlichkeiten, Gedanken und Ideen ausgedrückt. Damit entstehen Offenheit, Transparenz der inneren Einstellung sowie Bewegung im Kopf. Alles gemeinsam sind wichtige Elemente im Entstehen von neuen Ideen und Impulsen für Geschäftserfolge.

Mit „Flipcharts for Business" gewinnen Sie an Überzeugung, Ausdruck und Klarheit.

Visuelle Kommunikation

Der Begriff „Visuelle Kommunikation" wurde Ende der Sechzigerjahre vor allem in der Kunstpädagogik und in weiterer Folge als Synonym für Kommunikationsdesign verwendet. In der Branche der Marketingexperten wird die visuelle Kommunikation auch als Oberbegriff für alle mit dem Auge wahrgenommenen, visuell kommunizierten Informationen verwendet. Als wichtigstes Beispiel gelten Plakate, im Speziellen Werbeplakate. Denn Visualität ist auch in unserer Informationsgesellschaft wichtiger als je zuvor. Täglich steht man vor der Herausforderung, die Informationsflut zu selektieren und die Ergebnisse in Wissen zu transformieren. Die visuelle Kommunikation unterstützt diesen Prozess auf eine wirkungsvolle Art und Weise. Nicht umsonst florieren die oben genannten Einsatzbereiche. Der unmittelbare Zusammenhang mit den Themen Verkauf, Führung, Präsentation und Moderation ist nicht von der Hand zu weisen. Unverständlich erscheint es daher, dass in Zeiten der PowerPoint-Mania oft der Grundsatz der Visualisierung missverständlich interpretiert wird. Es geht nicht darum, komplizierte Inhalte mit kompliziert wirkenden Bildern zu verstärken oder mit tausendfach geklonten Cliparts zu verharmlosen.

Vielmehr soll mit Unterstützung von Bildern und Visualisierungen einfach verständliche Veranschaulichungen von Inhalten realisiert werden, um den Lern- und Wissenstransfer positiv zu unterstützen. Das vorrangige Ziel ist, den ZuhörerInnen ein Angebot unterbreiten zu können, Inhalte besser zu verstehen und die Merkfähigkeit zu steigern. Falsch eingesetzte Visualisierungen können allerdings auch von den dargestellten Informationen ablenken und den erhofften Nutzen klar verfehlen. Einige meiner Kunden bezeichnen die hier dargestellten Flipcharts als Kunstwerke, wobei ich den Grundsatz der Einfachheit in der Gestaltung betonen möchte.

Die Kunst besteht eben darin, mit wenigen Strichen viel Ausdruck zu bewirken. Visuelle Kommunikation besteht aus folgenden vier Hauptkomponenten:

- Text
- Farben
- Formen
- Bilder

Textliche Inhalte sind auch bei der Gestaltung von „Flipcharts for Business" sehr wichtig. Dennoch konzentrieren wir uns künftig darauf, Texte vielmehr als schriftliche Ergänzung zu verwenden. Nämlich gerade dort, wo beispielsweise Informationsinhalte in der Bildsprache nicht inhaltlich korrekt dargestellt werden können.

Nicht nur bei Texten, sondern allgemein gültig sind die Bedeutungen und Wirkungsweisen von Farben. Ihr richtiger Einsatz lässt ein Flipchart ungleich besser wirken als bei vergleichsweise falsch verwendeten Farben.

Eine sehr wichtige Rolle spielen die unterschiedlichen geometrischen Formen in der Darstellung von Strukturen, Verbindungen und Systemen. Zum Beispiel kann ein Rechteck einen Zusammenhang von vier Komponenten charakterisieren, ebenso auch ein Blatt Papier, einen Vertrag, den Dokumentenstapel, einen Verhandlungstisch, den Aktenschrank bis hin zum Flipchart oder Leinwand symbolisieren. Einige wenige zusätzliche Striche bewirken die eindeutige Erkennbarkeit. Daher sind die in diesem Buch ausgeführten Kapitel über die Bedeutung von Formen, Pfeilen und Pfeilbildern und visuellen Vokabeln sehr hilfreich. Überdies fördert die Auseinandersetzung mit diesem Thema auch den eigenen Ideenreichtum.

Wenn Bilder sprechen könnten, dann …! Eigentlich sprechen sie schon viel mehr, als wir glauben. Daher brauchen Unternehmen eine klar definierte Bilderwelt, damit Botschaften an Kundinnen und Kunden stimmig sind. Gleichzeitig lösen Bilder beim Betrachten Emotionen und Gefühle aus, welche die Affinität zum Unternehmen steigern. Für uns ist es daher von großer Bedeutung, ein passendes Bildmaterial auch für unsere Flipcharts zu entwerfen, damit bei der nächsten Firmenpräsentation alles wie angegossen passt.

Welch große Worte werden hier verwendet, ist doch der Umfang dieses Buches ebenso begrenzt, wie viele Dinge dieser Welt. Zumindest versuche ich Sie mit Hilfe meiner Ausführungen und Zeichentricks auf den visuellen Geschmack zu bringen. Geben Sie sich die Chance, bereits (oft unbewusst) vorhandene zeichnerische Fähigkeiten wieder bewusst zu machen.

Plakative Textgestaltung

Schriftart, Schriftgröße bis zur Schriftfarbe sind generell wichtige Gestaltungsmerkmale von Texten. Abhängig vom verwendeten Medium (PowerPoint, Zeitung, Plakat, ...), gelten zudem auch noch spezifische Qualitätsstandards, um die Lesbarkeit und Verständlichkeit gewährleisten zu können. Bei der Textgestaltung am Flipchart kommt neben der Einhaltung von noch näher zu erläuternden Kriterien zusätzlich noch die Herausforderung einer gut leserlichen Handschrift dazu. Im Zeitalter der elektronischen Textverarbeitung kommt man zudem auch leicht aus der Übung, denn außer handschriftlichen Vermerken haben sich tägliche Anwendungen des Schreibens stark reduziert.

Als Folge daraus entsteht oft eine Inakzeptanz der eigenen Hand- bzw. Flipchartschrift, da diese den perfektionistischen Ansprüchen oft nicht genügt. Na, wie denn auch, wenn die Übung fehlt und jeden Tag Perfektion vorgegaukelt wird.

Lieblos gestaltete Flipcharts vermindern oder verhindern einen positiven Arbeitseffekt.

Daher schlage ich vor, wir konzentrieren uns auf wenige stilistische, aber wirkungsvolle Regeln und steigern unsere Schriftbildqualität, indem wir einfach Freude daran finden.

Regel 1: Übersichtlichkeit und Ordnung
Betrachtet man ein Flipchart, so verschafft man sich zunächst einen Überblick und erfasst erst später die einzelnen Details. Das bedeutet auch, wenn man für Betrachter etwas hervorheben will, muss man eine Übersicht schaffen, sonst läuft es Gefahr unterzugehen.

Regel 2: Optische Ankerreize
Das Auge ist ständig auf der Suche nach einem besonderen Reiz. Daher ist bei der Flipchartgestaltung darauf zu achten, dass optische Reize als sogenannte „Ankerreize" für das Erinnern nicht vergessen werden. Häufig sind das Symbole oder Bilder, es können aber auch „Eye-Catcher" Texte verwendet werden.

Regel 3: Lesbarkeit und Verständlichkeit

Damit es bei der Betrachtung von Flipchartdarstellungen zu keinen großen Verwirrungen kommt, sind folgende Hinweise hilfreich:

- Information verdichten
- Alle unwichtigen Dinge weglassen
- Texte soweit es geht „abspecken"
- Sätze auf möglichst wenige Begriffe reduzieren

Flip & Stift

Flipchartstifte mit dünner und/oder runder Spitze ergeben kein kräftiges Schriftbild. Verzichten Sie daher bei der Flipchartgestaltung gänzlich auf dünne Stifte, denn je dicker der verwendete Flipchartstift ist, desto kraftvoller und wirkungsvoller erscheint Ihr gestalteter Text auf einem Flipchart. Achten Sie daher auf die Form der Spitze. Vorzugsweise werden Stifte mit abgeschrägter Filzspitze zu benützt. Die zwei unterschiedlich breiten Kanten dienen beim Schreiben für eine breitere Schrift (längere Kante) oder eine schmalere Schrift (kürzere Kante). Zudem ist bei der Wahl von Flipchartstiften noch auf folgende Aspekte zu achten:

- Strichbreite
- Umweltfreundlichkeit
- Preis und Wirtschaftlichkeit
- Liegt der Stift gut in der Hand?
- Ist die Kappe gut verschließbar?

Breite Striche bewirken
sichtbare Kompetenz!

Speziell für Überschriften oder wichtige Textpassagen eignen sich dicke Flipchartstifte, wie beispielsweise der Edding 800. Dabei handelt es sich um ein handelsübliches Produkt mit einer Strichbreite bis zu 12 mm. Die nächste Abbildung zeigt quasi den „Jumbo" unter den Flipchartstiften. Damit erreichen Sie eine weitere Steigerungsstufe in der Strichbreite.

Der Edding 850 mit einer Strichbreite bis zu 16 mm demonstriert eindrucksvoll, welcher kraftvolle Ausdruck durch dicke Striche erzeugt werden kann.

Die Variationsmöglichkeit der Strichbreite ergibt sich nicht nur durch die unterschiedlichen Kanten, sondern auch durch die Drehung des Stiftes.

schmale Kante 5 mm

breite Kante 16 mm

Bei den Moderationsmarkern, wie Flipchartstifte auch genannt werden, beträgt die Länge der Keilspitze je nach Hersteller zwischen 6 mm und 8 mm. Eine vorhandene Griffmulde unterstützt die richtige Stifthaltung. Achten Sie bei der nebenstehenden Abbildung auch auf die vorhandene Wegrollhilfe. Das sind Innovationen aus dem Hause Neuland.

Von hellgrau, hellblau über die Farbe Violett bis hellorange führt die Farbpalette. Eine Eingrenzung in der Farbauswahl gibt es bei Flipchartstiften nicht mehr. All diese Innovationen ermöglichen ein rasches, plakatives Schreiben und Zeichnen mit den unterschiedlichsten Ausdrücken.

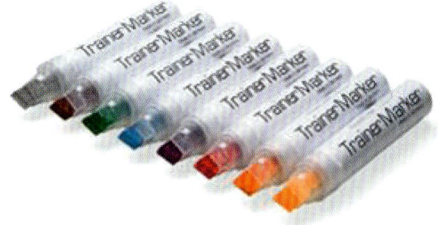

Interessant in Bezug auf das Thema Umweltfreundlichkeit sind vor allem die Optionen Austauschspitzen und Nachfüllbarkeit bei Flipchartstiften. Dabei sind Nachfüllungen mit geruchloser Tinte zu bevorzugen. Diese kostensparende und umweltschonende Variante wird bei häufigem Gebrauch stärker zu berücksichtigen sein.

Wirkungsvolle Flipchartschrift

Die Textgestaltung bei Flipcharts sollte geübt sein. Neben den zahlreichen optischen Kriterien gibt es unbeachtete psychologische Effekte, welche für erfolgreiche Flipchartpräsentationen und bei Moderationen wichtig sind. Die besten Gestaltungshinweise für eine wirkungsvolle Textgestaltung auf Flipcharts möchte ich Ihnen vorstellen.

Headline nicht vergessen

Worum geht es jetzt? Eine Frage, die sofort beantwortet werden soll, um die Aufmerksamkeit der ZuhörerInnen auf den Inhalt der Präsentation zu lenken. Daher ist es wichtig, dass jedes Chart eine Überschrift enthält. Diese kann zentriert oder linksbündig positioniert werden und durch Unterstreichen, Umrandung oder plakative Schrift bekräftigt sein.

Raumaufteilung planen

Es empfiehlt sich, gedanklich die Raumaufteilung zu planen, bevor man zu schreiben beginnt, damit der zur Verfügung stehende Platz genützt wird und die Übersicht gewahrt werden kann.

Schriftart und Schriftgröße richtig einsetzen

Die Größe des Blattes verleitet gerne dazu, viel zu viel Information darauf zu schreiben. Vielerorts wird auch eine zu kleine Schrift verwendet. Größer geschriebene Wörter werden von den TeilnehmerInnen unbewusst als wichtiger angesehen.

Genauso werden kleiner geschriebene Wörter als eher unwichtig bewertet. Diesen psychologischen Effekt können Sie sich zu Nutze machen, indem Sie Vorteile und Kernaussagen Ihrer Präsentation immer mit größeren und die Nachteile oder Ergänzungen mit kleineren Buchstaben veranschaulichen. Dem Thema Schriftart widmet sich das nächste Kapitel.

Weniger ist mehr – kurze Sätze

Beschränken Sie Ihre Aussagen auf das Wesentliche. Schlüsselwörter oder -sätze reichen aus, um das Wichtigste festzuhalten. Zuviel Text kann sich außerdem niemand merken.

Gliederung

Überschriften, Zwischenüberschriften und Gliederungen ermöglichen die Bildung von optischen Blöcken und fördern die Überschaubarkeit. Dadurch wird eine rasche Informationsaufnahme unterstützt.

Farbenwechsel ja, aber begrenzt

Ein Farbenwechsel innerhalb eines Textes, um möglicherweise Wichtiges hervorzuheben, verfehlt oft die Wirkung. Meist leidet auch die Lesbarkeit darunter. Heben Sie die Wichtigkeit von Inhalten vorzugsweise mit zusätzlichen Gestaltungselementen in den Vordergrund. Ein Farbenwechsel empfiehlt sich vor allem bei Gliederungen oder Zwischenüberschriften. Grundsätzlich sollte man bei Textcharts nicht mehr als vier Farben verwenden.

Rahmen nicht vergessen

Der Rahmen schließt eine Darstellung und sollte ein unbedingtes Muss bei jedem erstellten Flipchart sein. Ein Rahmen wird immer dick und kräftig gezeichnet.

Plakative Schriftarten

Um eine plakative und leicht lesbare Schrift am Flipchart zu bekommen, unterstützt Sie die Einhaltung weniger, aber effektiver Gestaltungsregeln. Eine plakative Schrift zu haben, bedeutet nicht, die schönste Schrift zu besitzen, sondern mittels des Geschriebenen Aufmerksamkeit und Interesse zu erwecken, damit sich der Betrachter gerne Zeit nimmt, um den Inhalt zu lesen.

Wir unterscheiden bei der Flipchartgestaltung drei Schriftarten:
- Konturenschrift
- Druckschrift
- Blockschrift

Konturenschrift

Bei der Konturenschrift werden bei den einzelnen Buchstaben lediglich die Konturen gezeichnet. Dass benötigt viel Zeit und ist sehr aufwendig. Zudem sind Texte in der Konturenschrift auch schwerer lesbar.

Diese Schriftart ist für das Schreiben von mehreren Textstellen oder Sätzen völlig ungeeignet. Allerdings lassen sich einige gewichtige Argumente finden, welche eine Anwendung stark befürworten. Gewichtig im Sinne des Wortes ist die Konturenschrift allemal, d. h. für wichtige bzw. gewichtige Schlüsselwörter, Argumente, Einwände, Botschaften usw. lässt sich auf kreative Art und Weise ein sinnvoller und wirkungsvoller Einsatzbereich entdecken.

Die Konturenschrift ist auffallend, verstärkt Texte und wirkt kreativ.

Druckschrift

Gut lesbar, schnell schreibbar und plakative Wirkung! Die Druckschrift besitzt alle Voraussetzungen, welche eine optimale Flipchartschrift benötigt. Stellt sich nur die Frage, was tun bei einer unlesbaren oder schlampigen Handschrift? Nützen Sie die folgenden Tipps, um Ihrem Schriftbild unter Beibehaltung der persönlichen Note ein plakativeres Erscheinungsbild zu geben.

Die Druckschrift ist eine optimale Flipchartschrift!

Schrift-Tipp 1: Druckschrift statt Blockschrift

Es ist ein wichtiger Hinweis darauf, dass ein Wort, wenn es in Druckschrift geschrieben ist, leichter lesbar ist. Wir lesen nicht Buchstabe für Buchstabe, sondern ein Wort als Gesamtes. Somit wirkt ein in Druckschrift geschriebenes Wort als kompakte Einheit und erleichtert daher die Lesbarkeit. Ein weiterer Vorteil der Druckschrift ist, dass man wenig Platz für geschriebene Informationen benötigt.

Schrift-Tipp 2: Kompakt schreiben

Ein kompakt geschriebenes Wort erleichtert das Lesen und wirkt auch plakativer.

Kompaktheit hält die Wörter zusammen.

Fehlende Kompaktheit erschwert das Lesen.

Achten Sie auch auf die Kompaktheit der einzelnen Buchstaben innerhalb eines Wortes. Häufig werden bestimmte Buchstaben mit „Bäuchen" versehen, wie beispielsweise a, b, d. Somit wirken die einzelnen Wörter unregelmäßig und das Wort nicht mehr kompakt.

Schrift-Tipp 3: Kleinbuchstaben größer als die Hälfte der Großbuchstaben

Die Höhe des ersten am Flipchart geschriebenen Großbuchstaben bestimmt die Buchstabenhöhe am gesamten Flip. Ein wesentlicher Bestandteil einer plakativen Schreibweise ist die Buchstabenhöhe der verwendeten Kleinbuchstaben. Diese sollten auf keinen Fall kleiner als die Hälfte der Großbuchstaben sein, da ansonsten das Schriftbild sehr kindlich wirkt. Als Richtmaß eignet sich eine Höhe der Kleinbuchstaben von zwei Dritteln der Großbuchstaben. Das verbleibende eine Drittel der Großbuchstaben gegenüber der Höhe der Kleinbuchstaben entspricht auch der empfohlenen Höhe von Unterlängen. Meist sind die Unterlängen viel länger, woraus sich ein größerer Zeilenabstand ergibt. Dies führt zu einem unregelmäßig erscheinenden Gesamtbild des geschriebenen Textes.

Schrift-Tipp 4: Die richtige Stiftkante verwenden

In Abhängigkeit davon, ob Sie dicke oder dünne Stifte verwenden, unterscheiden sich die jeweils richtig eingesetzten Stiftkanten.

Stiftart	Richtige Stiftkante	Information
		Häufig finden die Stifte mit einer Strichbreite von ca. 12 mm ihre Anwendung beim Schreiben auf Flipcharts. Durch eine richtige Stifthaltung bekommt das Schriftbild einen starken Ausdruck, vermittelt Sicherheit in der Aussage des Geschriebenen und wirkt sehr plakativ.

Stiftart	Richtige Stiftkante	Information
		Plakatives und vor allem schnelles Schreiben ermöglichen die gewöhnlichen Moderationsstifte. Auch hier wird die Längskante des Stiftes eingesetzt, um unter Ausnutzung der maximalen Strichbreite ein möglichst kraftvolles Schriftbild zu erhalten.

Die häufigsten Fehler beim Schreiben mit Flipchartstiften

Fehlerart	Fehlerbeseitigung / Korrekturvorschläge
Mit der Stiftecke schreiben	Der dicke Stift wird als dünner Stift verwendet. Oft geschieht dies aus eigener Überraschtheit vor zu dicken Strichen. Mit dünnen Strichen assoziiert man eigene Unsicherheiten und darunter leidet die Glaubwürdigkeit der getroffenen (geschriebenen) Aussage. Mit dem Schreiben auf der Stiftecke wird auch der Stift sehr schnell unbrauchbar.
Stiftkante wird weggedreht	Einer der häufigsten Fehler ist, dass die Stiftkante während des Schreibens weggedreht wird. Das passiert oft im Unterbewusstsein, weil einem der Strich zu dick ist oder aufgrund des fehlenden Druckes auf den Stift. Überprüfen Sie Ihre Stifthaltung (Zeigefinger in die Stiftmitte) und achten Sie auf einen kleinen Winkel des Stiftes zum Flipchart. So bekommen Sie ohne großen Kraftaufwand den bestmöglichsten Druck auf den Stift.
Benützung der Stiftfläche	Bei Verwendung der gesamten Stiftfläche verliert Ihr Schriftbild die Abwechslung der Strichstärken. Außerdem verschlieren die Striche am Strichanfang und -ende. Benützen Sie daher nicht die gesamte Stiftfläche.

Schrift-Tipp 5: Der Stift darf nicht gedreht werden

Die einzelnen Buchstaben eines Wortes, unabhängig von der jeweiligen Sprache, besitzen mehr vertikale als horizontale Strichanteile. Daher ist darauf zu achten, dass in den vertikalen Anteilen die volle Strichstärke eingesetzt wird. Fixieren Sie daher den Stift in Ihrer Hand und drehen Sie den Stift während des Schreibens nicht. Ich zeige Ihnen nun drei grundsätzliche Stifthaltungen:

Stifthaltung 0 Grad	Stifthaltung 45 Grad	Stifthaltung 90 Grad
Bewirkt: Breite vertikale und dünne horizontale Striche.	**Bewirkt:** Gleiche Breite bei vertikalen und horizontalen Strichen.	**Bewirkt:** Dünne vertikale und breite horizontale Striche.
Ergebnis: Kräftiges Schriftbild mit plakativem Erscheinungsbild.	**Ergebnis:** Schriftgröße kann kleiner gewählt werden. Ermöglicht schnelles Schreiben und wirkt dekorativ.	**Ergebnis:** Kraftloses Schriftbild – daher nicht empfehlenswert.

Vermeiden Sie eine Stifthaltung in einem Winkel von mehr als 45 Grad.

Schrift-Tipp 6: Die Höhe der Buchstaben hängt ab vom verwendeten Stift

Die Höhe der einzelnen Buchstaben ist abhängig von der erzeugten Strichstärke. Bei einer Strichbreite von 12 mm beträgt die optimale Höhe von Großbuchstaben 120 mm, also den Faktor 10. Verringern Sie die Strichbreite durch eine Drehung des Stiftes, so hat das auch Auswirkungen auf die Buchstabenhöhe. Denken Sie daran, dass es wichtig ist, Ihrer Schrift einen Körper zu geben, um plakativ zu erscheinen.

*Verwendete Strichbreite * 10 = optimale Höhe der Großbuchstaben!*

Blockschrift

Die Blockschrift ist eine Schrift, mit der von Hand auf Papier oder ein anderes Medium geschrieben wird, wobei die Buchstaben voneinander isoliert geschrieben werden. Man spricht von den so genannten „Blockbuchstaben".

Für das Deutsche ist damit auch gemeint, dass lediglich Großbuchstaben in der lateinischen Schrifttradition verwendet werden. Verlangt wird Blockschrift in vielen Fällen, in denen die eindeutige Lesbarkeit der Daten eine große Rolle spielt, also z. B. beim Ausfüllen von rechtsverbindlichen Formularen. Eindeutigkeit meint in diesem Fall Unabhängigkeit von den Eigenheiten einer persönlichen Handschrift.

Für die Flipchartgestaltung gilt, dass die Blockschrift für Überschriften oder wichtige Texte verwendet werden kann. Allerdings immer unter Berücksichtigung der im Vergleich zur Druckschrift erschwerten Lesbarkeit. Vielerorts sieht man auch eine Annäherung an die Druckschrift, indem „Kapitälchen" verwendet werden. Kapitälchen sind Großbuchstaben, deren Höhe der Normalhöhe von Kleinbuchstaben entspricht.

Eine weitere Kompromisslösung bezogen auf „leicht leserlich" ist die Blockschrift in Konturen, welche zusätzlich farbig gestaltet werden kann. Empfehlenswert dabei ist die Konturenfarbe Schwarz.

Ich verwende diese kreative Art gerne bei meinen Flipcharts, um Besonderheiten bei einer Präsentation oder Moderation visuell in den Vordergrund zu heben.

Kombinieren Sie unterschiedliche Schriftarten!

Farbe ist Information

Farben sind ein sehr hilfreiches Mittel beim Präsentieren von Informationen. Auch bei der Flipchartgestaltung wird die Farbe bewusst als Informationsträger eingesetzt. Ist die Farbgestaltung richtig durchgeführt, dann werden Informationen leicht und bereitwillig vom Gegenüber aufgenommen. Allerdings kann man mit einer falschen Farbwahl oder ungünstigen Farbkombinationen auch das Gegenteil bewirken und Ablehnung und Vorbehalte hervorrufen. Beim Einsatz von Farben ist neben der optischen auch die psychologische Wirkung maßgeblich. Die Visualisierung von Farben verändert also auch die Stimmung von Menschen und beeinflusst sie zum Positiven oder Negativen.

Die aus meiner Erfahrung bewährteste Art, Flipchartzeichnungen farblich zu gestalten, erfolgt durch die Verwendung von Wachsmalblöcken. Sie unterscheiden sich gegenüber den herkömmlichen Wachsmalstiften durch ihre Form, welche nahezu ideal erscheint, um großflächige Darstellungen farblich zu gestalten. Neben der Vielzahl der am Markt befindlichen Produkte sind vor allem zwei Hersteller zu nennen.

Das sind zum einen die Wachsmalblöcke der Firma Giotto (Abbildung oben), zum anderen jene von Stockmar (Abbildung rechts). Ich persönlich benütze beide Arten in Kombination, da jedes Produkt für sich einzelne Vorteile besitzt und die spezifischen Nachteile in der Kombination beider Arten von Wachsmalblöcken kompensiert werden.

Die wichtigsten Farbtöne und ihre Bedeutung

In Anlehnung an die bei der Flipchartgestaltung mit Hilfe von Flipchartstiften und Wachsmalblöcken zur Verfügung stehenden Farben und Farbkombinationen sind hier die an Bedeutung in diesem Zusammenhang wichtigsten Farben aufgelistet.

 **Rot** ist die wärmste Farbe, die wir kennen, aber auch die dynamischste und aggressivste Farbe. Rot bedeutet für uns Leben.

Wir verbinden diese Farbe mit der Liebe und mit der Flüssigkeit des Lebens, dem Blut. Rot regt psychisch und physisch an, fördert körperliche Arbeit und Bewegung und ist Energie pur.

Positive Assoziationen mit der Farbe Rot sind das Glück, die Liebe, Lebensfreude, Erotik, Energie, Aktivität, Dynamik, Wärme und das Feuer.

Negative Assoziationen sind Emotionen wie beispielsweise Hass, Wut, Zorn und Aggressivität. Ebenso wie das Laute, die Unmoral, die Gefahr bis hin zum Verbotenen.

 **Braun** strahlt in Räumen Gemütlichkeit aus. Je höher der Gelbanteil in der Farbe ist, desto beruhigender und ausgleichender ist die Wirkung.

Positive Assoziationen zu Braun findet man bei rustikalen Materialien, wie Holz, Leder, ungebleichte Wolle.

Negative Assoziationen beschreiben Schuldhaftes, Schlechtes, Faulheit und Verfaultes.

 **Gelb** bringt Sonne ins Gemüt und verscheucht trübe Stimmung. Die Farbe Gelb fördert die Konzentration, den Lerneifer und fördert auch das Gespräch.

Positive Assoziationen mit der Farbe Gelb sind der Optimismus, die Lebensfreude, die Heiterkeit, das Empfindsame, die Erfrischung, der Luxus und Reichtum.

Negative Assoziationen mit Gelb sind die Naivität, Neid, Eifersucht, Geiz, Egoismus, Gefühllosigkeit, Untreue, bitter, giftig, Unsicherheit, Warnung.

Orange ist die tatkräftigste Farbe und erzeugt eine heitere, gelöste Atmosphäre, wirkt stimulierend, strahlt Wärme und Gemütlichkeit aus.

Orange gehört wie Rot und Gelb zu den warmen Farben. Sie symbolisiert Optimismus und Lebensfreude und wirkt aufbauend, kräftigend, positiv und in jeder Weise gesundheitsfördernd. Orange bedeutet auch Expansion und Extrovertiertheit, hat Signalwirkung und steht für eine warme und offene Heiterkeit.

Positive Assoziationen. Orange fordert auf, den Moment zu leben. Sie beinhaltet das Vergnügen, die Geselligkeit, Energie und Aktivität, bis hin zu Wärme, Wandel und Genuss.

Negative Assoziationen sind das Billige, die Aufdringlichkeit, Angeberei und das Laute.

Grün versetzt die Seele in positive Schwingungen, weckt die Lust auf Neues, auf Entdeckungen und gilt als Quell der Kreativität.

Grün kann man weder als warme noch als kalte Farbe bezeichnen. Eine Abtönung mit Blau macht Grün wesentlich kälter und aggressiver. Frisches, helles Grün sollte als Farbe nie zu kurz kommen. Sie ist die Farbe des Lebens, der Pflanzen und des Frühlings. Als Farbe der jährlichen Erneuerung und des Triumphs des Frühlings über den kalten Winter symbolisiert sie die Hoffnung und die Unsterblichkeit.

Positive Assoziationen mit der Farbe Grün sind die Natur, das Leben, die Jugend, die Lebendigkeit, die Natürlichkeit, der Frühling, die Hoffnung und Zuversicht.

Negative Assoziationen betreffen die Unreife, das Giftige, teilweise auch das Dämonische.

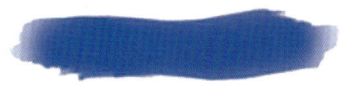

Blau ist mit Abstand die beliebteste Farbe, sowohl bei Frauen als auch bei Männern. Mit der Farbe Blau verbinden wir Menschen die Weite des strahlenden Sommerhimmels.

Auch die unergründbaren Tiefen des Meeres, der Seen, Flüsse und Bäche sowie die Wahrheit durch ihre Klarheit lässt Blau erkennen. Es wirkt still und entspannend.

Positive Assoziationen sind die Sympathie, Harmonie, Freundlichkeit, Freundschaft und auch die Treue. Weitere gedankliche Verbindungen sind Entspannung, Stille, Klugheit, Konzentration und die Wahrheit.

Negative Assoziationen hingegen sind die Kälte, die Lüge sowie die Trunkenheit.

Violett wirkt feierlich, macht passiv und wirkt beruhigend und ist daher sowohl eine künstlerische als auch metaphysische Farbe.

Sie ist auch die Farbe der Magie, kosmischen Energie, Inspiration und spirituellen Erfahrung.

Positive Assoziationen für die Kraft, den Erfolg, den Idealismus, die Außergewöhnlichkeit, die Originalität, das Modische, die Magie sowie die Phantasie.

Negative Assoziationen mit der Farbe Violett werden zugeschrieben der Eitelkeit, Unnatürlichkeit, Unsicherheit, Untreue, Unsachlichkeit und Zweideutigkeit.

Rosa ist die Farbe der Herzensliebe und hilft unserem Herzen, dass wir unseren Gefühlen Ausdruck verleihen können. Sie verbindet die Reinheit von Weiß mit der Kraft von Rot.

Die Farbe Rosa besänftigt, macht empfänglich für die Stimmungen anderer Menschen und baut Aggressionen ab.

Positive Assoziationen sind die Zärtlichkeit, Liebe, Unschuld, Zuneigung, Harmonie, der Charme und die Höflichkeit. Diese Farbe ist buchstäblich süß.

Negative Assoziationen sind Kitsch, feminin, Mitleid erregend und übervorsichtig.

Weiß verbinden wir Menschen mit purer Reinheit, Licht und strahlendem Schnee. Weiß stellt die Ausgewogenheit aller Farben dar und wirkt aufmunternd sowie friedlich.

Positive Assoziationen betreffen die Unschuld, Sauberkeit, Weisheit, Leere und das Heilige.

Negative Assoziationen gibt es in unserem Kulturkreis eigentlich nicht.

 **Schwarz** ist die dunkelste aller Farben. Eine schwarze Fläche wirkt kleiner als eine weiße Fläche gleicher Größe. Gleichzeitig wirken aber schwarze Objekte auch schwerer.

Durch den starken Kontrast zur Umgebung wirkt Schwarz auch eckig und hart. Die Eigenarten der Farbe übertragen sich auf die mutmaßlichen Qualitäten des Objektes. Schwarze Gegenstände oder Flächen wirken deshalb beherrschend, im besten Fall elegant. Schwarze Kleidung wirkt abgrenzend und verleiht Würde.

Positive Assoziationen sind die Eleganz, der Eros sowie der Gewinn (schwarze Zahlen).

Negative Assoziationen findet man in der Verbindung mit den Begriffen Unglück, Schmutz, Asche, Tod, Abgrund, Tiefe, Leere, Trauer, Bosheit, Macht und Nacht.

Tipps zum Farbentopf

In der Praxis haben sich für die Farbgestaltung von Objekten am Flipchart bestimmte Erfahrungswerte ergeben. Sie betreffen zum einen den optimalen Einsatz bestimmter Farbqualitäten, zum anderen sorgen sie für eine gute Lesbarkeit, Übersichtlichkeit und ein geschlossenes Gesamtbild. Unten stehende Tabelle zeigt Ihnen typische Flipchartanwendungen, wobei diese textlich oder zeichnerisch verwendet werden können.

Farbe	Anwendungsbeispiele am Flipchart
Schwarz	■ Schrift bzw. Text ■ Linien ■ Kontur für Objekte und Formen ■ Zeichnung
Weiß	□ als Hintergrund
Rot	■ Unterstreichungen ■ Umrandung ■ Betonung von sehr wichtigen Texten und Objekten ■ Gewichtungen ■ Gegensätze ■ Konflikte und Angriffe ■ Aktivitäten

Farbe	Anwendungsbeispiele am Flipchart
Braun	■ Erde, Erdung (geerdete Menschen) ■ Natur ■ Landschaften ■ Holz ■ Möbel ■ Schachteln, Verpackungen ■ Primitives und Einfaches
Gelb	■ Highlights ■ Aura bei Figuren und Objekten mit Erfolg ■ Sonne ■ Geldsegen ■ Beleuchtung ■ positive Überschriften (Konturen nicht vergessen!)
Orange	■ Gruppe und Gemeinschaft ■ soziale Wärme ■ Team ■ Umrandungen, Unterstreichungen bei positiven Texten ■ Prozessdarstellungen
Grün	■ Natur ■ Landschaften ■ Entwicklungen ■ Innovationen ■ Symbole für Hoffnung
Blau	■ gut lesbare Textfarbe ■ Umrandungen, Unterstreichungen, Rahmen ■ Gewässer ■ Metall ■ Objekte mit kühler (gefühlsarmer) Ausstrahlung ■ Wolken ■ Himmelsobjekte ■ Geschwindigkeitsstreifen ■ Vertrauen ■ Kälte, Eis

Farbe	Anwendungsbeispiele am Flipchart
Violett	■ Kraft ■ Erfolg ■ Hierarchie ■ gedankliche Inspiration ■ Hochmut ■ Hochnäsigkeit ■ Kritik ■ Macht ■ Königliches ■ Zweideutiges ■ Magie
Rosa	■ Weiblichkeit ■ Sanftheit ■ höflich ■ harmonisch ■ Liebe

Was bei Farben noch erwähnenswert erscheint:

■ Wichtiges oder Kontrastierendes sollte man durch einen Farbkontrast, beispielsweise einen Warm-Kalt-Kontrast, hervorheben.

■ Um die Lesbarkeit von Texten zu optimieren, ist für einen guten Hell-Dunkel-Kontrast zwischen Text und Hintergrund zu sorgen.

■ Kleine Flächen vertragen gut klare und reine (d. h. gesättigte) Farben, während es bei größeren Flächen ratsam ist, die Farben mit Weiß aufzuhellen. Je größer die Fläche ist, desto heller sollte also die Farbe sein.

Zusammenfassend kann also festgehalten werden, dass Farben in der Gestaltung von Flipcharts eine wichtige Rolle spielen. Die nun folgenden Ausführungen über unterschiedliche Formen und ihre Bedeutung werden durch die Kombination mit Farben in ihren Anwendungsmöglichkeiten noch umfassender.

Das visuelle Wörterbuch

Wir wollen jetzt den Grundstein für unser persönliches Wörterbuch der visuellen Sprache legen. Beginnend mit sieben einfachen Grundformen, können wir bereits eine Vielzahl von beruflichen Objekten und Begriffen visualisieren. In weiterer Folge erweitern wir dann Schritt für Schritt unsere visuelle Sprachfähigkeit.

Formen und ihre Bedeutung

So grundlegend einfach dieses Thema sein mag, so vielfältig in der Anwendung sind auch die geometrischen Grundformen. Überlegt man für sich, wofür so eine quadratische Form im Sinne einer Verkörperung oder gedanklichen Verknüpfung denn stehen könnte, kommen einem plötzlich viele unterschiedliche Ideen in den Kopf. Ein Beispiel dazu sehen Sie im nebenstehenden Mind-Map, welches die Verwendung eines gewöhnlichen Quadrats oder Rechtecks in der Flipcharttechnik vor Augen führt. Solche Gedankenimpulse sind zumeist nicht unbedingt neu, denn unbewusst verwendet jeder von uns viele Formen im täglichen Geschäftsleben.

Unvorstellbar wäre das auftretende Chaos, würden eines Tages plötzlich die selbstverständlich gewordenen und klar erkennbaren Formen an Linien, Dreiecken oder Rechtecken fehlen. Denken Sie dabei nur an die Verkehrszeichen (na gut, hier könnte bei manchen das Fehlen sogar unbemerkt bleiben) oder Leitsysteme in Krankenhäusern. Sie sehen, wie wichtig und unverzichtbar diese einfachen Formen für das tägliche Leben geworden sind.

Kehren wir von diesem gedanklichen Ausflug wieder zu zurück unserem Thema „Flipcharts for Business" und stellen Folgendes fest:

Durch eine sinnvolle Verwendung von Formen werden auch

- ◾ wichtige Informationen hervorgehoben,
- ◾ Zusammenhänge verdeutlicht,
- ◾ Querverweise zwischen mehreren Darstellungen hergestellt
- ◾ und aufeinander folgende Darstellungen miteinander verbunden.

Sieben an der Zahl sind die am häufigsten verwendeten Grundformen. So simpel, wie sie erscheinen, sind sie auch zu zeichnen. Verblüffend vielfältig und zumeist klar in ihrer Bedeutung, das begründet die unzähligen Einsatzmöglichkeiten. Betrachten Sie bitte die folgende Tabelle:

Farbe	Anwendungsbeispiele am Flipchart
Punkt	Die Bedeutungen und Assoziationen bei der Punktform sind: der Brennpunkt, auf den Punkt bringen, punktgenau, Entscheidung, Ziel, Aufzählung, Fokus, Verbindungspunkt sowie Wesentliches …
Kreis	Team, eine kreisrunde Sache, Sonne, Ball, Bombe, Luftballon, Globus, Zielscheibe, Uhr, Zauberkugel, Köpfe und noch vieles mehr. Alle diese Assoziationen können grafisch sehr gut verwendet werden.
Quadrat / Rechteck	Ein quadratischer oder rechteckiger Tisch bringt viele Denkverbindungen mit sich. Weiters kann ein Viereck ebenso ein Dokument, einen Vertrag, ein wichtiges Projekt oder nur ein Blatt Papier darstellen.
Dreieck	Dreiecksformen dienen zur Darstellung der Begrifflichkeiten Hierarchie, Pyramide, unterschiedliche Ebenen, Aufbau, Steigung, Herausforderung, Zielorientierung, Entscheidung, zwei gegen einen bis hin zum Top Down.
Linie	Verbindung, Unterstreichung, Trennung, Sperr-, Mittel-, Leit-, Randlinie, ebenso einen Weg und ein Längenmaß, ... Zusätzliche Unterscheidungen bringen noch verschiedene Linienarten.
Spirale	Die Spirale ist jene Form mit der größten Dynamik. Daher ist sie Ausdruck von Veränderung und Aktivität. Durch rechts-, links-, auf- und abwärtsdrehende Spiralen kann der Ausdruck bereichert werden.
Pfeil	Die Bedeutung von Pfeilen ist so wesentlich und vielfältig, dass ich über die unterschiedlichen Pfeilformen ein eigenes Kapitel verfasst habe (siehe weiter hinten).

Mit diesen sieben einfachen Grundformen lässt sich bereits ein Wörterbuch für die visuelle Sprache verfassen. Mit dessen Hilfe sind Sie bereits in der Lage, in den verschiedensten Meetings und Besprechungen viele Sachverhalte visualisieren zu können. Die Erweiterung des visuellen Sprachschatzes erfolgt durch die Kombination von Grundformen und ein paar Funken Kreativität – kann aber selbstverständlich auch ein Ideenfeuerwerk sein. Apropos, zusätzliche Formen sind selbstverständlich erlaubt und sinnvoll.

Unser Kopf ist rund, damit das Denken die Richtung ändern kann.
(Francis M. de Picabia)

Jede zeichnerische Visualisierung beinhaltet zumindest eine der angeführten Grundformen. Anwendungsreich gestalten sich die unterschiedlichsten Formenkombinationen. Ein Pfeil mit Rädern als Symbol für ein rasch voranschreitendes Projekt wäre solch ein Beispiel. Wichtig für die eigene Denkrichtung ist, sich die Einfachheit und Klarheit als wesentliches Merkmal von Business-Flipcharts vor Augen zu halten.

In der Abbildung links habe ich ein Bild dargestellt, das Ihnen zeigt, wie aus zwei Dreiecken, einem Kreis im Hintergrund und wenigen zusätzlichen Linien eine Landschaft entsteht kann. Die dazugehörige Metapher lässt zwei Berge als letzte noch zu überwindende Hindernisse darstellen, um mit einem Projekt ans Ziel zu gelangen. Achten Sie zukünftig bei der Betrachtung von Dingen und Gegenstände darauf, aus welchen Grundformen sich diese zusammensetzen. Ihr visuelles Wörterbuch wird sich dadurch rasch erweitern.

Visuelle Vokabeln

Vor dem Zeichnen von berufsbedingten Symbolen
sind folgende Überlegungen hilfreich:

- Welche Symbole unterstützen meinen
  Vortrag?
- Was können Sie bereits ohne viel Mühe zeich-
  nen?
- Was ist ein nötiger Bestandteil, um einen
  Gegenstand oder Begriff zu erkennen?
- Was erleichtert dem Betrachter das Ver-
  ständnis?
- Bringt der erhöhte Zeitaufwand einer farbigen
  Gestaltung auch den gewünschten Vorteil?
- Sehr häufig werden gebrauchte Gegenstände
  und Produkte als Bilder dargestellt!
- Wir nehmen uns eine Beschränkung auf
  wenige Linien vor!

Basierend auf den unterschiedlichen geometrischen Formen stellen wir nun Begriffe und dazugehörige Bilder in Verbindung. Ich schränke die
Vielzahl von Symboldarstellungen bewusst auf jene Darstellungen ein, welche aus meiner Erfahrung häufig verwendet werden, um Business-Vokabeln darzustellen.

Ein Viereck mit vielen Seiten

- Rechteck oder ein
- Parallelogramm
- Basis für viele Symbole

- Blatt Papier
- Vertrag
- Schriftstück

- Akten
- Dokumentenstapel
- schriftliche Unterlagen

Entwickeln Sie aus den Grundformen einfach zu zeichnende Symbole!

Grundform Rechteck gezeichnet, an drei Ecken einen kleinen Bogen hinzugefügt und dessen Enden miteinander verbunden. So rasch entsteht dieser Produktkatalog. Die Schraffierung stellt das Angebot noch umfangreicher dar.

Mit drei Rechtecken lässt sich auch eine Ringmappe schnell zeichnen. Linien, Ringe und die Farbgestaltung bereichern zwar die Darstellung, sind aber nicht notwendig. Vor allem dann nicht, wenn es schnell gehen muss.

Wie ein offenes Buch stellen sich auch manche Menschen dar. Mit zwei geschwungenen Rechtecken und einer weiterführenden Schraffierung ist auch diese Symbolik rasch zu zeichnen.

Geschwungene Linienformen bewirken einen dynamischen Ausdruck!

Wie Sie selbst feststellen können, lassen sich mit ein wenig Phantasie die unterschiedlichsten Begriffe mit nur wenigen Strichen plakativ darstellen. Sogar Möbelstücke lassen sich mittels Rechtecken leicht realisieren. Beginnend mit einem Rechteck und drei senkrechten Strichen ist in beiden Fällen der Beginn gemacht. Optionale Schatteneffekte, welche lediglich kleine schwarze Dreiecke sind, bereichern das natürliche Erscheinen.

Auch das Thema Präsentationstechnik soll zeichnerisch nicht zu kurz kommen. Aus unserem Rechteck, perspektivisch oder nur zweidimensional, sind rasch unterschiedliche Flipchartständer gezeichnet.

■ Simple Flipchart   ■ Front Flipchart   ■ Modern Flipchart

Betrachten wir nun die einzelnen Zeichenschritte am Beispiel Mobilphone. Ein Handy, wie es hierzulande genannt wird, stellt Assoziationen dar, wie

- Kommunikation,
- wir bleiben in Kontakt,
- Rufbereitschaft,
- ständige Erreichbarkeit,
- unser Unternehmen freut sich auf Ihren Anruf
- und noch vieles mehr.

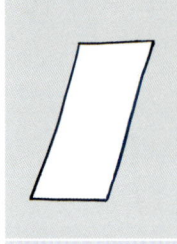  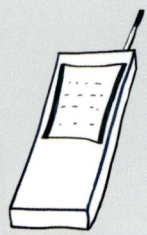  

Ein Viereck bestimmt die einfache Grundform	Konturen lassen Perspektiven entstehen	Ein Display und eine Antenne gehören dazu	Tastenkonturen bereichern das modische Design

Fernseher, Radio, Computer, Notebook bis hin zur Video Wall, alle diese Symbole werden fast ausnahmslos mit der Grundform Rechteck oder Quadrat gezeichnet. Unser modischer Laptop macht hier keine Ausnahme.

Zeichnen Sie zuerst den Bildschirm und fügen dann den unteren Gehäuseteil hinzu. Gitterförmige Linien kennzeichnen die Tastatur. Touchpad und diverse Laufwerke oder Ports perfektionieren diese Grafik.

Wenige zusätzliche Striche bewirken bei nüchternen Gegenständen eine positive Aura. So gewinnen auch die nächsten zwei Pakete zusätzlich an Bedeutung.

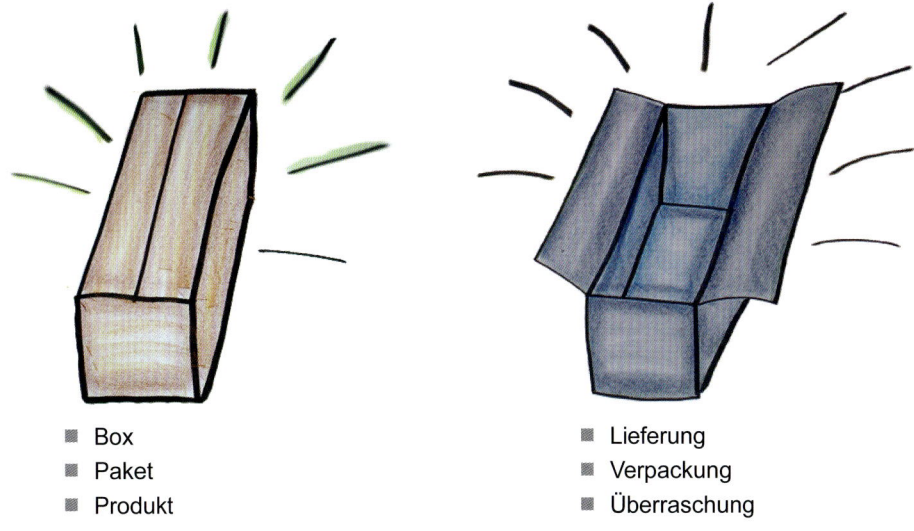

- Box
- Paket
- Produkt

- Lieferung
- Verpackung
- Überraschung

Eines der wichtigsten Rechtecksymbole sind Häuser bzw. Gebäude. Auch hier weiche ich fast immer von der klassischen Zeichenform ab, indem ich geschwungene Linien bevorzuge, um meinen dynamischen Zeichenstil zu unterstützen. Die Wirkung solcher Gebäudeformationen ist ungemein höher. So lassen sich auch statische und konservative Firmen von dynamischen und innovativen Unternehmen zeichnerisch unterscheiden.

Kreisformationen – eine runde Sache

Einen Vortrag rund abzuschließen, ist immer eines jener Merkmale, welche eine gute Präsentation ausmachen. Mit Kreisen und Ellipsen lassen sich ungemein viele Symbole auch visuell rund darstellen und abschließen. Denken Sie beispielsweise an einen Management- oder Projektkreislauf. Eine runde Sache ist nicht nur unsere Weltkugel, sondern auch ein erfolgreicher Geschäftsabschluss oder eine funktionierende Teamarbeit. Kreissymbole sind von Grund auf positiv stimulierend. Mit der folgenden Reihe an Kreisformationen hoffe ich auch bei Ihnen Impulse auslösen zu können, damit Sie noch weitere nützliche visuelle Vokabeln entwickeln.

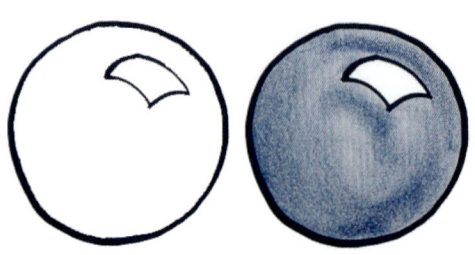

Ein Spiegeleffekt in einem Kreis gezeichnet visualisiert eine Kugel. Ebenso bewirkt ein als kleiner Kreis gezeichneter Spiegelpunkt eine plastisch wirkende Kugelform.

Ein Kreis, kombiniert mit wenigen vertikalen und horizontalen Linien, ergibt einen Globus. Dieser kann für Globalisierungsthemen oder internationale Themenschwerpunkte verwendet werden.

Jemandem einen Ball zuspielen oder etwas „ins Rollen bringen".
Mit einer Kreisform, kombiniert mit Schatteneffekten, lassen sich
viele Besprechungen kreisrund beenden.

Jonglieren kann man nicht nur Bälle, sondern
auch Keulen und Ringe. Ebenso gibt es auch in
der Arbeitswelt Jongleure, welche beispielsweise mit Geld, Jobs, Gedanken, Dienstposten oder
Strategien jonglieren. All diese Möglichkeiten lassen sich daher wunderbar in ein Jonglagebild hin-
ein interpretieren.

Ein Kreis mit zwei Zeigern ergibt ein Uhren-
symbol. Zusätzliche Zahlen steigern den Ausdruck. Ebenso wie ein zusätzlicher Außenkreis
dem Uhrwerk eine Kontur verleiht. Zusätzliche
Formen lassen dann je nach Bedarf die unterschiedlichsten Formationen entstehen.

Unterschiedlichste Sonnenbilder können auf einfache Art und Weise gestaltet werden. Manchmal genügt ein einzelner Kreis, ein anderes Mal lediglich die Sonnenstrahlen. Wie dem auch sei, die Sonne strahlt immer etwas Positives aus. Und das kann vor allem im Business nicht schaden.

Die Lupe liefert ein vergrößertes virtuelles Bild. Diesen Effekt erreichen Sie durch die Verwendung einer Konturenschrift innerhalb des gezeichneten Lupenglases. Auch die Detektivfigur Sherlock Holmes konnte ohne seine Lupe den Tätern nicht auf die Spur kommen. Genauere Betrachtung einer Situation, ein Objekt in den Brennpunkt stellen oder Details zu erforschen, all dass sind mögliche Textpassagen für eine Lupendarstellung.

Zwei Kreise bilden die Basis einer Brille. Mögliche Schlüsselwörter sind Kurzsichtigkeit, Sehschwäche oder Fokus auf einen Inhalt.

Besonders bedeutend ist der Ring. Gemeint und hier gezeichnet ist ein Symbol für Schmuck und Status. Dementsprechend drückt dieser Ring Verbundenheit aus.

Das kreisförmige Diagramm wird in mehrere Kreissektoren eingeteilt. Diese Darstellungsform wird häufig in der Betriebs- und Volkswirtschaft für Daten verwendet. Nun, wie man sieht, benötigen Sie nicht immer eine Tabellenkalkulation, um solch ein Diagramm zu erzeugen. Achten Sie darauf, dass die wichtigste Information im Sinne einer Zeituhr auf der 12-Uhr-Linie beginnt.

Leicht zu zeichnen sind die im Volksmund oft als Scheibe bezeichneten digitalen Speichermedien. Als Symbol für Datenarchivierung, Speicherung von Informationen bis hin zu Audio- und Videoaufzeichnungen reichen die unterschiedlichen Anwendungsmöglichkeiten

Als Hinweis für Konflikte oder Situationen mit gespannten Verhältnissen wird vor allem in der Moderationstechnik das Symbol einer Bombe, wie wir sie aus alten Piratenfilmen kennen, benützt.

Dieses Symbol weist auch auf die Bedrohlichkeit bestimmter Aktionen hin.

Kommen wir wieder zu einer friedlicheren Darstellung. Die Zielscheibe, bestehend aus zumindest drei unterschiedlich großen Kreisen, stellt Erfolg und Zielstrebigkeit in den Mittelpunkt. Zusätzliche Pfeile, eventuell mit Begriffen versehen, verstärken den gewünschten Ausdruck.

Der Kreis ist eine geometrische Figur, bei der an allen Ecken und Enden gespart wurde.

Achten Sie bei der Visualisierung von Gesprächsinhalten auf die Kernaussagen. Dabei fallen einem in den meisten Fällen sofort dazu passende Symbole ein. Zum oben angeführten Spruch daher noch ein kreisrunder Geldsack und ein glänzendes Geldstück.

Dreieck – eine geometrische Form, die Berge versetzen kann

Wer sich noch an den Geometrieunterricht in der Schule erinnert, weiß, welche zentrale Rolle das Dreieck spielt. Auch in der Symbolik von Business-Charts hat das Dreieck auf Grund seiner speziellen Form einen besonderen visuellen Ausdruckswert. Mit einem Dreieck verbinden viele Menschen Aktivität und Dynamik. Alles zielt auf Bewegung ab, und aus diesem Grunde werden Dreiecke gerne richtungsweisend eingesetzt.

Steht ein Dreieck mit einer senkrechten Seite auf der Spitze, so nehmen wir die Dreiecke schnell als nach rechts und links weisend an. Die beiden nach oben und unten weisenden Dreiecke werden vom Betrachter nicht so eindeutig als Richtung aufgenommen. Vielmehr kommen hier andere visuelle Botschaften in Betracht.

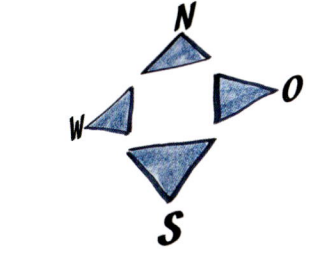

Ein Dreieck mit einer waagrechten Grundlinie bzw. mit einer horizontalen Basislinie wirkt sehr stabil. Dies vermittelt uns den Eindruck von Standfestigkeit und lässt schnell die Erinnerung an Pyramiden wach werden. Solche Formen werden häufig bei Symbolen in Zusammenhang mit Warten verwendet. Überdies wirkt eine Pyramide auf uns Menschen beruhigend, genauso wie die Form eines Daches und eines Zeltes, unter dem wir uns geborgen fühlen.

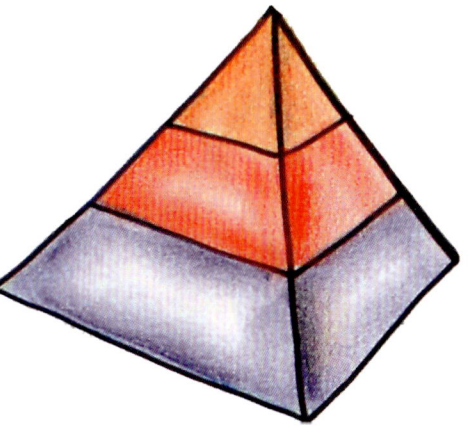

Das ultimative Hilfsmittel für den Geometrie- und Zeichenunterricht assoziiert konstruktive Tätigkeiten, wo Genauigkeit eine wesentliche Rolle spielt. Mit zusätzlich gezeichneter Emotion steigert sich der Ausdruck.

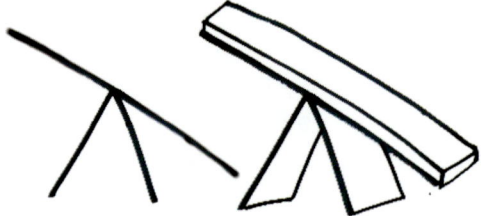

Eine Waage oder Schaukel besitzt als Basis ebenfalls eine Dreiecksform. Themen wie z. B. in Balance kommen, Ausgleich finden oder Gerechtigkeit finden damit ihren visuellen Ausdruck.

Gemächlich im Vergleich zur kreisrunden Uhr wirkt die aus zwei Dreiecken geformte Sanduhr. Ein Symbol für träge und langsam fortschreitende Tätigkeiten.

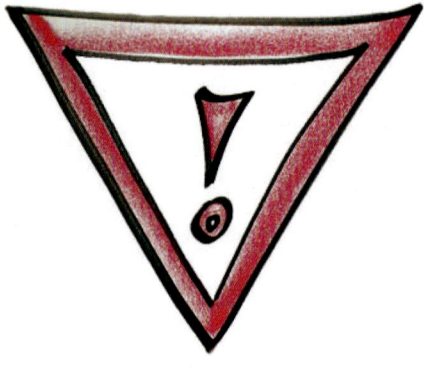

Ganz anders ist die Wirkung eines auf einer Spitze stehenden Dreiecks mit oben einer waagrechten Seite. Ein solches Dreieck signalisiert Dynamik und wir verbinden damit Aktivität. Die instabile Lage eines solchen Dreiecks wirkt auf uns alarmierend. Daher wird eine solche Darstellung häufig auch als Warnsignal verwendet.

Wie Sie an diesen beiden Abbildungen bemerken, bestätigt hier das Dreieck in der Wahrnehmung seine universelle Bedeutung. Vier Dreiecke zu einem stabilen Rechteck zurechtgerückt, ergibt eine harmlos wirkende Briefform, spitze Dreiecke als Zahnreihe gezeichnet, assoziieren hingegen Gefahr.

Einfache und wirkungsvolle Linienformen

Gerade, schräge und gewinkelte Linien, mit Linien kann man alles darstellen. Sämtliche Formen, welche bereits diskutiert wurden, bestehen im Grunde genommen nur aus Linien, wobei die unterschiedlichen Bezeichnungen das Resultat kennzeichnen. Mein Beitrag hier soll zeigen, wie mit geschwungenen Linien ein rasches Zeichenergebnis zu erzielen ist. Die hier dargestellte Linienform ist die Ausgangsbasis für weitere Symbole. Gerade der Weg, die Straße, ein Bach oder Fluss sind hier wirkungsvoll darzustellen. Durch Veränderung des Linienabstandes kann die zeitliche Dimension bewusst eingesetzt werden.

- ▪ Zukunft – schmaler Linienabstand – oben – am besten rechts oben
- ▪ Gegenwart – breitester Linienabstand – stellt oft die Ausgangsbasis dar
- ▪ Vergangenheit – schmaler Linienabstand – unten – am besten links unten

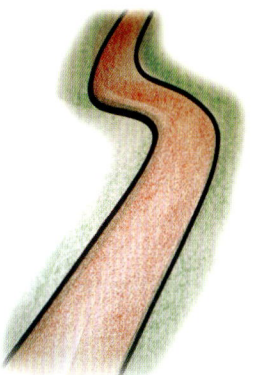

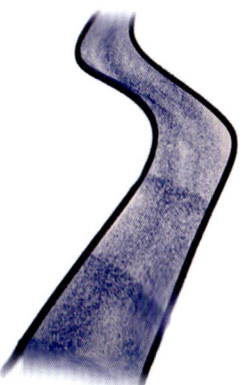

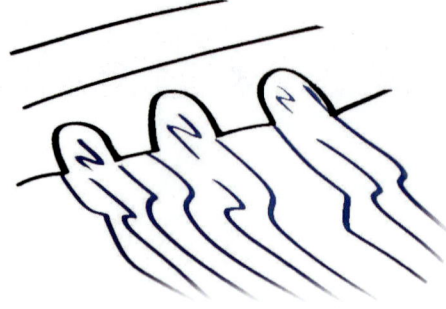

Drei Linien genügen, um eine Brücke zwischen unterschiedlichen Meinungen, Themen oder Standpunkten zu schlagen. Zusätzliche Wasserlinien können auch ein Hinweis auf eventuelle Gefahren und Hindernisse darstellen. In solchen Fällen sollte die Grafik mit erklärenden Texten ergänzt werden.

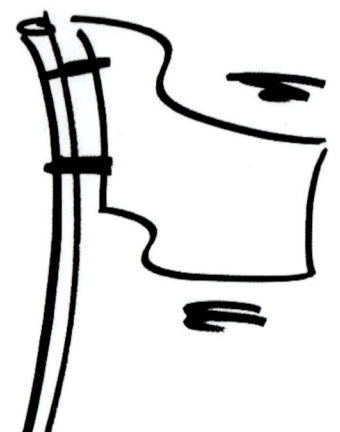

Schwungvolle Fahnen und Flaggen beginnt man mit zwei geschwungenen Linien. Verbindet man diese und fügt eine Stange hinzu, sind Start- oder Zielflagge fertiggestellt. Dynamische Striche, um die Bewegung zu unterstreichen, dürfen auch hier auf keinen Fall fehlen. Diese ausdrucksvolle Symbolik möchte ich Ihnen wirklich ans Herz legen, weil damit auch das Gefühl einer Zielerreichung entstehen kann. Denken Sie dabei an eine Mondlandung, wo die Astronautencrew ihre Fahne zum Zeichen des Erfolges hisst.

Die kreisrunde Sonne hatten wir ja bereits. Die Sonnenform mit einer einzigen Linie durchgezeichnet, vermittelt allerdings noch mehr Dynamik. Die nachstehenden Symbole dienen nicht der Wettervorhersage, nein, diese können auch als Stimmungsparameter dienen.

Unerschöpflich sind die Zeichenmöglichkeiten, welche aus einfachen Linien gestaltet werden. Möglicherweise fallen auch Ihnen an dieser Stelle noch einige Symbole ein, die sich bei Präsentationen gut verwenden lassen.

Pfeile und Pfeilbilder

Einem Pfeil, auch als Symbol bezeichnet, wird beim Betrachten in der Regel eine ganz bestimmte Bedeutung zugeordnet. Diese sehr einfach gestalteten Visualisierungen unterstützen schon seit Tausenden von Jahren die Menschheit in der Bewältigung der täglichen Anforderungen. Ob Gefahren- oder Hinweisschilder im Straßenverkehr, Preisschilder in Einkaufszentren oder das Leitsystem in einem Krankenhaus. Ohne Pfeilsymbole geht fast

gar nichts mehr. Die Einfachheit dieser Symbole soll gewährleisten, dass Missinterpretationen oder Missverständnisse in dieser bildhaften Übersetzung eines Textes weitgehend auszuschließen sind. Heutzutage aber werden viele verschiedene Pfeilsymbole in verschiedenen Zusammenhängen benützt.

Auch bei der Erstellung unserer Flipcharts sind Pfeilbilder einfach unverzichtbar. Sie weisen unmissverständlich auf Verbindungen, Richtungen und Beziehungen hin. Das Besondere an den Pfeilen in diesem Buch ist, dass mit ein wenig Kreativität und geeigneter Zeichentechnik aus den üblichen Pfeilbildern starke und vielsagende Symbole entwickelt wurden. Die Ergebnisse sollen für Sie Impulse und Anregungen zum Entwickeln eigener Pfeillösungen sein. Ich denke, dass es hilfreich ist, bestimmten Themen oder Begriffen die Pfeilformen zuzuordnen. So gelingt es, zum jeweiligen Verkaufs- oder Präsentationsinhalt die passenden Pfeilformen schlagkräftig einsetzen zu können. Eine Weiterentwicklung der Pfeilsymbole ist durch die Kombinationen mit Figuren, Bildern und Texten zu erreichen. Nicht unerwähnt soll allerdings der daraus entstehende Zeit- und

Zeichenaufwand bleiben. Die Wirkung von Pfeilbildern ist durch den Einsatz von Farben enorm zu steigern. Nun habe ich für Sie einige spezifische Pfeilformen zu beliebigen Schlüsselwörtern zusammengestellt.

Gemeinsam zum Erfolg

Gemeinsamkeit drücken sich in konturstarken Formen aus. Der positive Aspekt der Darstellung gelingt durch Aufwärtsbewegungen.

Ähnlich wie eine Flugzeugstaffel bewegen sich die abgebildeten Pfeile vorwärts. Die Pfeilspitzen steuern auf das rechte obere Eck zu, da hier in Anlehnung die positive Wirkung verstärkt wird. Auch die Farbe Orange drückt vorhandene Gemeinsamkeiten aus.

„Einer für alle, alle für einen!" Wer denkt bei diesem Pfeilbild nicht gerne an die vier Musketiere. Der in Konturen gezeichnete Pfeil drückt die Verschmelzung der einzelnen Kräfte aus.

Und wem der obere Pfeil noch immer zu klein ist, der denke an das Sprichwort „Wer zusammenarbeitet, multipliziert!".

Die zusammengefügten Einzelpfeile können auch als Projektphasen oder mit den Namen von Teammitgliedern beschriftet sein.

Beschleunigung und Geschwindigkeit

Steigerungen bei Arbeits-, Projekt- oder Produktionsgeschwindigkeiten können individuell und kreativ gezeichnet werden. Gerade Pfeilsymbole eignen sich in der Analogie zum Bogenschießen hervorragend dazu.

Ein Pfeil mit zwei kleinen Dreiecken als Turbinen, links und rechts Kondensstreifen sowie zahlreichen dynamischen Strichen stellen, ähnlich wie bei einem Raketenstart, eine enorme Geschwindigkeitssteigerung dar. Ergänzt man die Pfeilrakete mit Sternen, so wird mit entsprechender Farbunterstützung ein Feuerwerkskörper daraus. Anzuwenden bei der Visualisierung von Ideen, die ein Weiterkommen bewirken können.

Anders als vorher erhöht man die zeichnerische Wirkung durch Einbindung einer Landschaft. Dabei genügt ein zusätzlicher Strich und ein saftiges Grün als Landschaftskontur. Auch damit wird eine raketenähnliche Beschleunigung symbolisiert.

Richtungsweisende Pfeile, ergänzt mit Geschwindigkeitswölkchen (symbolisieren aufgewirbelten Staub) und dynamischen Spuren (symbolisieren den zurückgelegten Weg) sind schnell zu zeichnen.

Beschleunigungen im Straßenverkehr gelten hier als Ideenvorlage. Durch die immer kürzer werdenden Striche in der Mittelleitlinie können solche dynamischen Pfeilformationen entstehen.

Eine Spirale gehört zweifelsohne zur Gruppe der dynamischsten Formen. So ist diese, ergänzt mit einer gezeichneten Pfeilspitze, auch ein geeignetes Pfeilsymbol für Aussagen wie: „Packen wir es an!".

Ein perspektivischer Pfeil mit kleinem Schatten rundet an dieser Stelle mein Angebot an Visualisierungsmöglichkeiten von Beschleunigungen ab. Bei genauer Betrachtung der vielen weiteren Abbildungen in diesem Buch werden Sie aber noch viele weitere Ideen zu diesem Themenpunkt finden.

Konzentration auf das Wesentliche

Immer wenn mehrere Beteiligte versuchen, eine Lösung zu finden, kommt es unweigerlich zu Aus- oder Abschweifungen von Inhalten. Das nebenstehende Pfeilbild schärft den Blick auf das Wesentliche oder ein vorgegebenes Ziel, welches in Textform in der Mitte stehen kann.

Eine nach innen gedrehte Spiralform gibt die Richtung zum Themenkernpunkt vor. Gleichzeitig assoziiert diese Pfeilspirale einen dynamischen Prozess. Einfach und wirkungsvoll!

Interaktion

Ein aufeinander bezogenes Handeln zweier oder mehrerer Personen oder die Wechselbeziehung von HandelspartnerInnen kennzeichnen den Interaktionsbegriff. Dieser Vorgang ist im täglichen Geschäftsleben einer der häufigsten und wichtigsten.

Verschmelzung nach Interaktion, so könnte der Titel dieser Abbildung lauten. Zwei oder mehrere Pfeile werden dabei ineinander gezeichnet.

Möglicherweise ist diese Pfeilform nicht in jedem Business stilgerecht, aber die Idee dahinter finde ich genial. Mit einer nahezu simplen Strichform können viele Geschäftssymbole in Pfeile bzw. Pfeilbilder umgewandelt werden. Zeichnen Sie die Außenkontur mit einer durchgezogen Linie und fügen an dessen Ende eine Pfeilspitze dran.

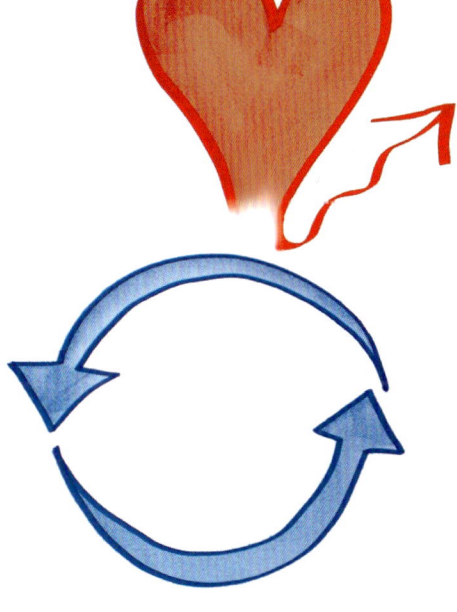

Interaktionen oder Prozesse mit gegenseitiger Beeinflussung werden durch die geschwungenen Pfeile ausgedrückt. Das Thema oder der Prozessname wird in die Mitte geschrieben. Die Variation der Pfeilbreite stellt die Veränderung während der Interaktion dar.

Eine aus der Netzwerktechnik stammende und für Flipcharts for Business bestens geeignete Pfeilformation ist hier zu sehen. Pfeilrichtungen, Anzahl der Pfeile und Pfeilstärken drücken die Interaktionsformen und -stärken grafisch aus. Die Symbolik der Interaktionspartner ist naturgemäß beliebig zu verwenden.

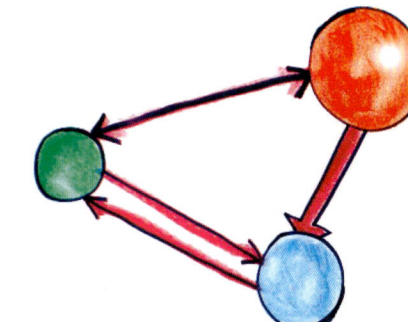

Konflikt und Konfrontation

Das Thema Konflikt war hypothetisch formuliert wahrscheinlich der Ursprung dessen, was heutzutage sprichwörtlich mit „Sprühen von Giftpfeilen" gemeint ist. Wenn Hass mehr bindet als Liebe, dann ist Konflikt unzertrennbar mit dem Symbol Pfeil verschmolzen. Dazu einige Visualisierungsbeispiele:

Eine klassische Darstellung, um Konflikte, Widersprüche und Dissens zu kennzeichnen, erfolgt in Analogie an den griechischen Gott Zeus durch Visualisierung von Blitzen. Die Konfliktstärke lässt sich mitunter durch unterschiedliche Strichstärken symbolisieren.

Eine größere Wirksamkeit der Konfliktvisualisierung erreichen Sie, indem die Symbole in Konturen gezeichnet werden. Dadurch brauchen Sie auch die Stifte ihrer Stärke nach nicht zu wechseln, sondern geben die Kraft durch die gezeichneten Körper. Zusätzliche Farben tragen das ihre dazu bei. Ein aggressives Rot und Schwarz passen hervorragend dazu.

Durch eine perspektivische Darstellungsart lassen sich auch zeitliche Dimensionen mitberücksichtigen. Bei diesem Pfeilbild lassen sich beispielsweise unterschiedliche kategorisierte Argumente mit dem Ziel, sich auf eine zukünftig tragbare Lösung zu einigen, zeichnen. Die Farbe Violett symbolisiert die derzeit vorhandenen Machtpositionen, Gelb verstärkt die positive Wirkung der zukünftigen gemeinsamen Lösung.

Nicht nur mit Blitzen, sondern auch mit Hilfe von einfach gezeichneten Gewitterwolken lassen sich Konfliktsituationen und entgegengerichtete Positionen mit wenigen Strichen ausdrucksstark visualisieren.

Idee und Problemlösung

Ein neuer Gedanke, hoffentlich der richtige, wird sehr häufig mit einer Glühbirne oder einem Gedankenblitz dargestellt. Eine Idee ist auch ein Einfall, der dazu verwendet wird, bestehende Probleme zu lösen.

Verknüpfungen von bestehenden Symboliken mit Pfeilen lassen kreative Darstellungsformen entstehen. Die Farbe Gelb betont hier die positive Entwicklung.

Ein helles Grün verbindet das Wachstum der Natur mit dem Heranwachsen neuer Ideen und Innovationen. Die Länge des Pfeils kann auch mit der Dauer einer Produktentwicklung in Verbindung gesetzt werden. Sonnenstrahlen im Hintergrund drücken die Idee aus

Gedankensprünge, bewegte Gedanken, Veränderungen im Denken … Alle diese Beschreibungen treffen auf diese Pfeilakrobatik zu.

Nicht gerade ein gordischer Knoten muss für ein Problem verwendet werden. Beliebige Knotenformen stellen visuell eine überwundene oder bevorstehende Problemlösung dar.

Die Überwindung von Hindernissen drückt dieses Bild aus. Unabhängig davon, welches Barrieresymbol Sie verwenden, kennzeichnet diese Pfeilform eine Überwindung von Problemstellen.

Trennung

Das Wort Trennung bedeutet das Auseinanderbewegen von Objekten oder das Lösen von Verbindungen. Diese können zwischen Personen, Subjekten oder Objekten bestehen. In der Pfeilsymbolik ist daher das sich voneinander Entfernen darzustellen.

Zwei oder mehrere sich in entgegengesetzten Richtungen bewegende Pfeile sind ein klarer Ausdruck von Trennung. Das Trennungsmotiv kann optional in die Mitte gezeichnet werden. In diesem Fall ist es Ärger, dargestellt durch dynamisch gezeichnete Striche. Rot als Farbe der Aggression verstärkt die Trennungsabsicht.

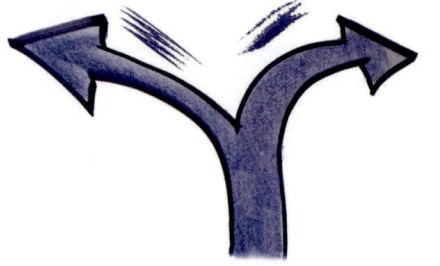

Im Gegensatz zur oberen Grafik ist das hier gezeigte Pfeilsymbol eine Trennung nach einem gemeinsamen Weg, wobei hier ein Zusammenkommen wieder möglich sein kann. Die Farbe blau symbolisiert die Hoffnung.

Die Mauer als geschichtlich geprägtes Symbol der Trennung und Abspaltung verstärkt eine Trennungsvisualisierung ungemein stark. Eine zusätzliche Konturierung der Pfeile ist hier nicht mehr notwendig.

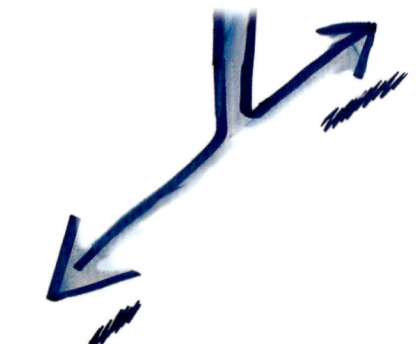

Leicht und rasch zu zeichnen ist auch diese Trennung. Mit Unterstützung der Wachsmalblöcke sind visuelle Verstärker rasch realisiert. Weitere Trennungssymbole sind beispielsweise der zerbrochene Ring, der zerrissene Geldschein oder das gebrochene Herz.

Perspektiven und kreative Pfeilformationen

Perspektivische Darstellungen erscheinen durch ihre dreidimensionale Wirkungsweise zumeist sehr mächtig. Dieser gezeichnete Pfeil wird gerne verwendet, um beispielsweise eine Strategieausrichtung in der Zukunft zu symbolisieren. Das Hauptaugenmerk ist also die zeitliche Dimension.

Kreativ und mit Power ausgestattet ist dieser Pfeil-Überflieger. Ein Symbol auch für Synergie, Team, Dynamik und Veränderung.

Keine „Lemon trees" sondern „Arrow trees" gestalten diese Ideenlandschaft. Anzahl der Vorschläge, Maßnahmen oder Teilprojekte können mit solchen Pfeilbäumen kreativ visualisiert werden. Die Pfeildimensionen können auch ein Maß für die Bedeutung einzelner Faktoren sein.

Als Übersicht von geplanten oder derzeit durchzuführenden Projekten oder bestehenden Geschäftsprozessen eines Unternehmens bietet nebenstehende Grafik einen möglichen Visualisierungstipp.

Emotionen zeichnen

Emotionen erleben wir tagtäglich rund um die Uhr. Als wichtiger Bestandteil des Lebens sollte man daher auch bei der Visualisierung von beruflichen Symbolen und Objekten keinesfalls darauf verzichten.

Vier Ebenen lassen sich generell unterscheiden:

- Das Gefühl, das wir bei einer Emotion erleben,
- das Verhalten (Mimik, Gestik, Körpersprache),
- die körperliche Veränderung
- und die Kognition (z. B. die Erwartung, dass Befürchtungen eintreten).

In der Realität treten Emotionen selten in einer reinen Form auf. Vorwiegend stehen wir diesen Ausdrücken in mehr oder minder gemischter Form mit sehr unterschiedlichen Ausprägungsgraden gegenüber. So zum Beispiel Überraschung mit Furcht. Aufgrund der vielfältigen Kombinationsmöglichkeiten tritt im Alltag eine unendliche Vielfalt von Gesichtsausdrücken auf.

Einige unserer Emotionen sind angeboren. Freude beispielsweise ist eine spontane, innere, emotionale Reaktion auf eine Situation, Person oder Erinnerung. Visualisierte Emotionen lösen allzu oft beim Betrachter ein entsprechendes Gefühl aus. Dieses entsteht nach der Bewertung von dargestellten Emotionen, wie beispielsweise Freude, Wut, Angst, Verachtung, Trauer, Überraschung oder Wohlbehagen.

Mit emotionalisierenden Bildern beeinflussen Sie bei Präsentationen oder Besprechungen wesentlich die Bedeutung und Wirksamkeit von Informationen.

Gezeichnete Emotionen unterstützen das Verstehen und Behalten von Informationen!

Der Gesichtsausdruck

Der römische Schriftsteller Cicero schrieb bereits vor über 2000 Jahren: „Das Gesicht ist der Spiegel der Seele". Dieser Satz beinhaltet die These, dass menschliche Gefühle und Stimmungen sich meist im Gesicht widerspiegeln.

Ich zeige Ihnen nun eine komprimierte Zusammenfassung der wichtigsten emotionalen Gesichtsausdrücke. Sie sollen dadurch in der Lage sein, alle Ihre beruflichen Symbole und Bilder mit Emotionen ausstatten zu können. Als Leitfaden dient das folgende Zeichenkonzept:

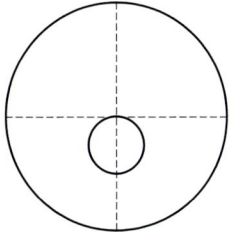 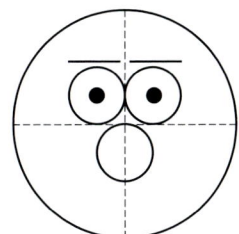 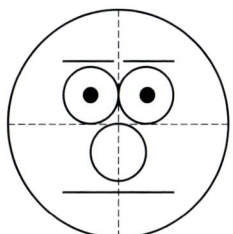

Zeichnen Sie einen Kreis und vierteln Sie diesen mit zwei dünnen oder gestrichelten Linien. Stellen Sie jetzt ebenfalls mit Kreisen Nase, Augen und Mund dar. Die Pupillen der Augen werden ebenfalls in Kreisform gezeichnet. Ein ganz besonderes Augenmerk sollte man auf die Augenbrauen lenken, da diese, zunächst nur als einfacher Strich gezeichnet, viel an Ausdruck mitbestimmen oder verändern. Den Mund symbolisieren wir einstweilen ebenfalls nur mit einem geraden Strich. Somit haben Sie bereits Ihr erstes Gesicht gezeichnet.

Richtige Zeichenfolge: Nase, Augen, Mund!

Nun verändern wir in weiterer Folge die einzelnen Formen und können gespannt sein, wie sich damit der jeweilige Gesichtsausdruck mitverändert.

Freude

Versuchen Sie selbst fröhlich auszusehen und beobachten Sie dabei, was sich in Ihrem Gesicht verändert. Achten Sie dabei speziell auf die Augen, Augenbrauen und den Mund. Dabei werden Sie erkennen, dass die Augen offen sind, die Augenbrauen sich nach oben richten und der Mund geschlossen ist.

Lachen

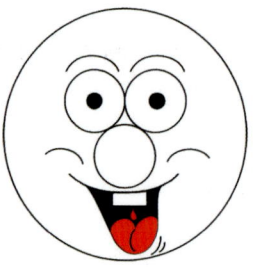

Wenn jemand herzhaft lacht, sind die Augen geöffnet, die Augenbrauen oben und im geöffneten Mund können Sie die Zähne, Zunge und auch noch das Gaumenzäpfchen sehen. Bringen Sie den Mund mit wenigen zusätzlichen Strichen am unteren Mundrand in Bewegung und heben Sie ebenso die Wangenkontur in den Vordergrund.

Wut

Wut ist eine sehr heftige Emotion, ausgelöst durch eine als unangenehm empfundene Situation oder Bemerkung. Wut ist heftiger als der Ärger.

Auch wenn es nicht leicht fällt, beobachten Sie mal Ihren Gesichtsausdruck im Spiegel, wenn Sie gerade wütend sind. Offene Augen, offener Mund mit vielen Zähnen und Augenbrauen, welche in Richtung Nase gezeichnet werden – so wird ein wütendes Gesicht dargestellt.

Durch einfache zusätzliche Strichelemente kann man dann so richtig den Dampf ablassen.

Verachtung

Verachtenden Gesichtern begegnen wir im täglichen Leben des Öfteren. Die Augen bekunden keine Offenheit, indem sie durch die Augenlider bedeckt sind. Die Augenbrauen neigen sich abwärts in Richtung Nase und der geschlossene Mund mit nach unten gerichteten Mundwinkeln kennzeichnet zusätzlich einen solchen Gesichtsausdruck.

Aber hallo, verächtlicher geht es wohl nicht mehr. Mit dieser Form der Augen verstärken Sie die negative Wirkung der Augenbrauen wesentlich. Die starke negative Mundkrümmung passt dazu wie angegossen.

Bei negativen Stimmungen Augenbrauen in Richtung Nase zeichnen und Zähne zeigen!

Angst

Offene Augen, offener Mund, nach außen gerichtete Augenbrauen, dass sind die wichtigsten Merkmale von angsterfüllten Gesichtern. Ein gezeichnetes Kinn sowie das weiterführende Zittern in den Mundwinkeln verstärken den Angstzustand.

Aggressive Angst erreicht man alleine durch die Veränderung der Augenbrauen. Wie man sehen kann, ermöglichen bereits die bis jetzt gezeichneten Gesichtsformen vielerlei unterschiedliche Kombinationsmöglichkeiten.

Trauer, Traurigkeit

Trauer bewirkt eine nach innen gerichtete Aufmerksamkeit. Nach unten richtet sich der Blick, nach außen die Augenbrauen. Die Augenlider bedecken die Augen bis zu den Pupillen. Der Mund ist geschlossen und die Mundwinkel nach unten geneigt. Das sind Merkmale von mit Trauer gekennzeichneten Gesichtern.

Tränen symbolisieren zusätzlich ein hohes Maß an Traurigkeit und Verzweiflung. Zu beachten ist, dass Tränen, die optisch in den Vordergrund treten sollen, größer gezeichnet werden. Somit erreicht man zeichnerisch quasi eine dritte Dimension und das Bild beginnt förmlich lebendig zu werden.

Überraschung

Auch hier lassen sich dynamische Verstärker einfach einsetzen. Ein Vibrieren um den Mund ist mit einfachen Strichen darzustellen. Denken Sie daran, dass jeder Strich auch sichtbar sein muss, d. h. kraftvoll den Stift einsetzen.

Bei Unwissenheit und Hoffnungslosigkeit Augenbrauen nach außen zeichnen!

Wohlbehagen

Wie bei einer schnurrenden Katze erscheint dieser Gesichtsausdruck. Wesentliches Merkmal dabei sind die geschlossenen Augen (setzen Vertrauen voraus) mit den kleinen, am äußeren Rand gezeichneten Falten. Die Gestaltung der Augenbrauen unterstützt den behaglichen Wohlfühlausdruck. Abgerundet wird das Wohlbehagen durch die nach oben geneigte Mundform.

Kombinieren Sie typische Ausdrucksformen von Emotionen. Damit steigern Sie Ihre grafischen Darstellungsmöglichkeiten!

Die Körpersprache von Figuren

Körpersignale geben mehr preis als die verbale Sprache. Vor allem sind diese Signale ehrlicher. Wer sich mit dem Thema Körpersprache beschäftigt, wird viel Interessantes und Überraschendes dabei beobachten können.

Vertiefende Kenntnisse über dieses Thema versetzen uns nicht nur in die Lage, bei Präsentationen oder Verhandlungen nonverbale Signale richtig zu deuten und einzusetzen, sie lassen uns auch einfache und wirkungsvolle Figuren zeichnen.

Mit Unterstützung der visuell eingesetzten Körpersprache werden diese hilfreichen Kommunikationspartner bei Vorträgen und Präsentationen.

Neben den in der nonverbalen Kommunikation wichtigen Informationen, wie Mimik und Gestik, haben für uns Menschen auch die übrigen Sinne eine enorme Bedeutung. So beeinflussen beispielsweise auch Gerüche anderer Leute unser eigenes Verhalten.

Diese unbewusste oder teilbewusste nonverbale Kommunikation stellt bei gezeichneten Figuren naturgemäß eine Einschränkung dar. Wir konzentrieren uns daher auf das zeichnerische Charakterisieren der bewussten nonverbalen Kommunikation.

Zu beachten ist allerdings, dass in unterschiedlichen Gebieten der Erde ähnlich ausgeführte Gesten zum Teil eine vollkommen gegenteilige Bedeutung haben. Als Teil der gesellschaftlichen Sprache ist daher der bewusste Einsatz von Gesten, Mimik und Körperstellungen Bestandteil jeder menschlichen Kultur.

Ebenso sind die Kleidung und andere Möglichkeiten der Körpergestaltung, wie Schmuck, Frisur, Bart bis hin zu unterschiedlichen Kopfbedeckungen, als Elemente der Körpersprache ein wahrer Fundus an unterschiedlichen Darstellungsarten.

Figurenkonzept

Der wesentliche Unterschied zu natürlichen Körperproportionen ist bei Strichfiguren das meist beliebig gewählte Verhältnis der Kopflänge zur gesamten Körpergröße. Normalerweise beträgt die Gesamtkörpergröße ungefähr das 7-Fache der Kopflänge. Bei unseren Figuren variiert dieses Verhältnis zwischen dem 4- bis 6-Fachen. Das zu wissen bedeutet bereits eine große Hilfestellung beim Entwerfen von schnell zu zeichnenden Figuren. Beginnen wir mit einer einfachen Grundstruktur.

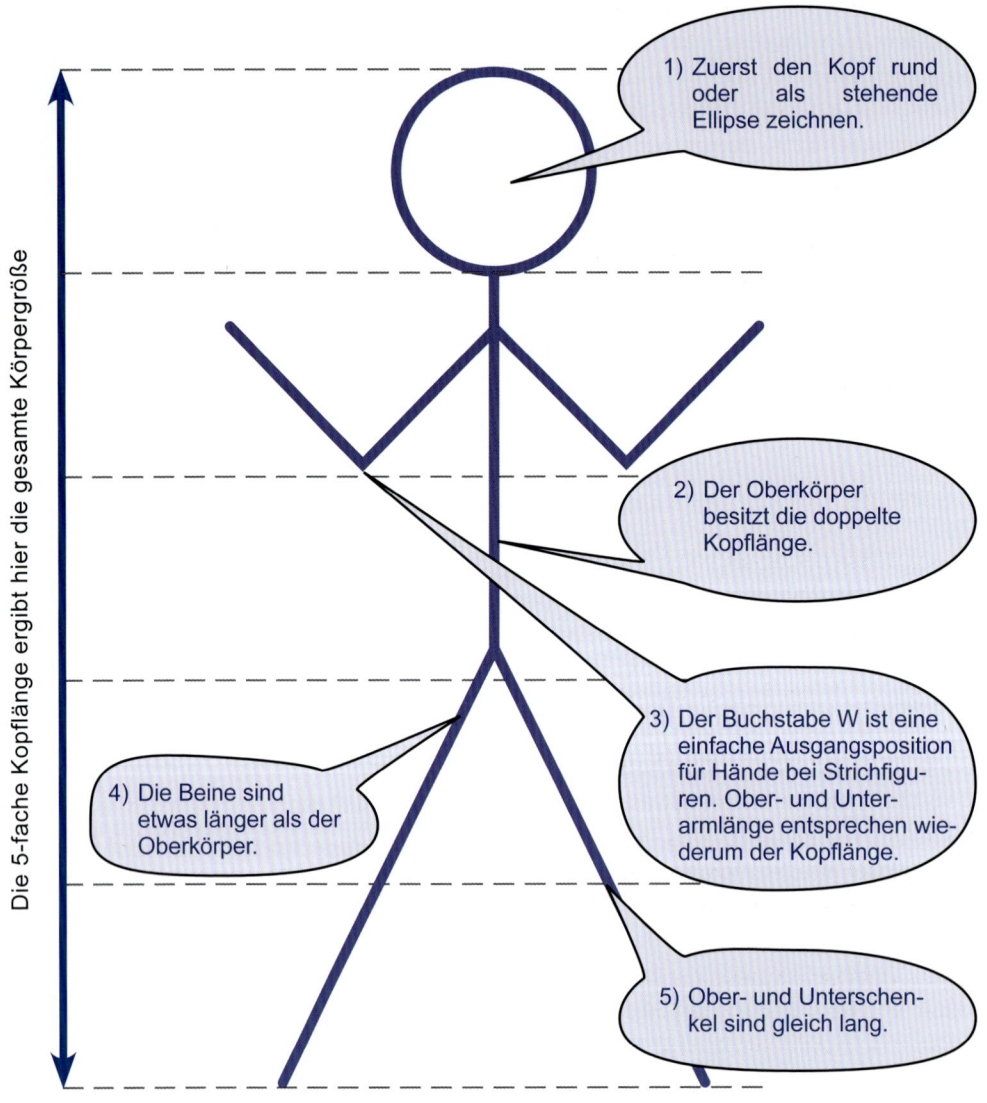

1) Zuerst den Kopf rund oder als stehende Ellipse zeichnen.

Die 5-fache Kopflänge ergibt hier die gesamte Körpergröße

2) Der Oberkörper besitzt die doppelte Kopflänge.

3) Der Buchstabe W ist eine einfache Ausgangsposition für Hände bei Strichfiguren. Ober- und Unterarmlänge entsprechen wiederum der Kopflänge.

4) Die Beine sind etwas länger als der Oberkörper.

5) Ober- und Unterschenkel sind gleich lang.

Reduktion statt Konstruktion, denn schon wenige Striche lassen Figuren entstehen!

Das Beeindruckende an dieser Grundform ist, dass jedes einzelne Element in der Größe und Position verändert werden kann. Dadurch entstehen auf einfache Art und Weise große oder kleine, stehende oder sich bewegende Figuren. Schon mit ein wenig Übung lässt sich das Zeichnen solcher Strichfiguren selbst erlernen.

Kurzanleitung zum Figurenzeichnen

- Kopf zeichnen.

- Kopflänge mal 4, 5 oder 6 ergibt die Gesamtkörpergröße.

- Umrandung der Körperstruktur mit Flipchartstift hinzufügen.

- Armmitte und Beinmitte mit gezeichneten Falten markieren.

- Hände und Füße beleben zusätzlich.

- Bekleiden Sie Ihre Figuren auch.

- Kombinieren Sie Figuren mit Gegenständen.

- Mit Wachsmalblöcken einfärben.

Liest sich eigentlich ganz einfach, in der Praxis allerdings sieht es wie so oft ein bisschen anders aus. Aus der persönlichen Erfahrung weiß ich allerdings auch, dass Figuren zu zeichnen eine Herausforderung sein kann.

Gönnen Sie sich daher ein wenig Zeit für eine kreative Lernphase und benützen Sie unterschiedliche Motive und Vorlagen, um daraus Ideen für Flipchartfiguren zu entwickeln. Haben Sie am Anfang etwas Geduld mit sich selbst, denn nur die Übung macht Sie zum Profi.

Unterschiedliche Figuren entstehen lassen

Strichfiguren sind ein gutes Ausdrucksmittel für schnelle Notizen. Dabei kommt es nicht so sehr auf eine perfektionistische Darstellung an, sondern dass Größe, Form und Proportionen der gezeichneten Figuren auch dem eigenen Temperament entsprechen. Viele FlipchartzeichnerInnen haben ihren eigenen Figurenstil, und einen solchen sollen auch Sie entwickeln. Die oben aufgelisteten Tipps sind dabei als Hinweise zu verstehen, welche eine Hilfestellung anbieten, um eigene kreative Ideen und Impulse zu realisieren. Seien Sie sich bitte auch bewusst, dass die anatomische Korrektheit bei Strichfiguren zu Gunsten des Ausdrucks in den Hintergrund gerückt werden darf. Denn eine lockere Haltung der Figuren verkörpert auch einen entsprechenden Zeichenstil.

Betrachten wir nun unterschiedliche Variationen an Ausdruck, Aussehen und körpersprachlichen Akzenten.

Die Strichfigur ist der gedankliche Ausgangspunkt.

Mittels Kontur, welche in einer durchgezogenen Linie gezeichnet wird, bekommen wir Figuren mit Volumen.

Betonen Sie Ellbogen und Knie zusätzlich mit einer Falte. Hände als Fäustlinge und Schuhkonturen verbessern das Aussehen.

Gelenke sichtbar machen, damit die Figur richtige Proportionen erhält!

Der Raum wird beim Zeichnen zur Fläche. Durch eine gezielte Darstellung kann man jedoch eine räumliche Illusion entstehen lassen.

Perspektiven lassen Raum entstehen.

Dreidimensionales durch Zweidimensionales erzeugen:

- Überschneiden bedeutet hinten.

- Vorne wird überzeichnet (groß).

- Hinten wird unterzeichnet (klein).

- Oben gezeichnet ist ebenfalls hinten.

- Schatten heben die Figuren vom Boden ab.

- Feine Linien bedeuten hinten.

- Dynamische Striche lassen Raum entstehen.

- Ellipsen wirken räumlich.

Durch unterschiedliche Kleidung lassen sich auf einfache Art und Weise verschiedene Berufsgruppen oder Qualifizierungsebenen unterscheiden.

Auch das Größenverhältnis der Figuren spielt eine wesentliche Rolle. So lassen sich Hierarchien und verantwortungsvolle Positionen darstellen.

Weibliche Strichfiguren lassen sich vor allem über eine gezeichnete Haarpracht und mit Hilfe der Kleidung charakterisieren.

Verwenden Sie Körperstellungen als Ausdrucksmittel!

Ob partnerschaftlich oder demütig, mit Hilfe der Körpersprache wird die Aussagefähigkeit positiv unterstützt. Wenn Sie zusätzlich den Interpretationsspielraum einengen wollen, empfehle ich Ihnen mit hinzugefügten Sprechblasen Fehlinterpretationen zu vermeiden.

Mit nur wenigen zusätzlichen Extrastrichen lassen sich Zeichnungen noch aktionistischer und lebendiger darstellen. Wenn man eine zerbrochene Glasscheibe oder ein zerrissenes Papier darstellen möchte, so zeichnet man mit fünf geschwungenen Linien die Außenkontur eines Spinnennetzes und fügt an der Außenseite dynamische Strichfolgen gemäß der nebenstehenden Abbildung hinzu.

Unterscheiden Sie Wesentliches von Unwesentlichem. Zeichnen Sie z. B. Hände nur dann, wenn es dem Gesamtausdruck dienlich ist. Auch durch stärkeren Druck auf den Flipchartstift, Farbeinsatz oder zusätzliche Symbole lässt sich Wichtiges hervorheben. Ein weiterer Grundsatz lautet daher:

Nebensächliches weglassen und das Wesentliche vereinfachen!

Ob Figuren, Symbole oder Objekte, mit wenigen Strichen das Wesentliche erkennbar zu machen, das ist die Kunst beim schnellen Zeichnen. Ich persönlich setze bei diesen einfachen Strichzeichnungen zusätzlich immer Wachsmalblöcke zur Konturierung ein. Damit zaubert man rasch Körper mit Volumen.

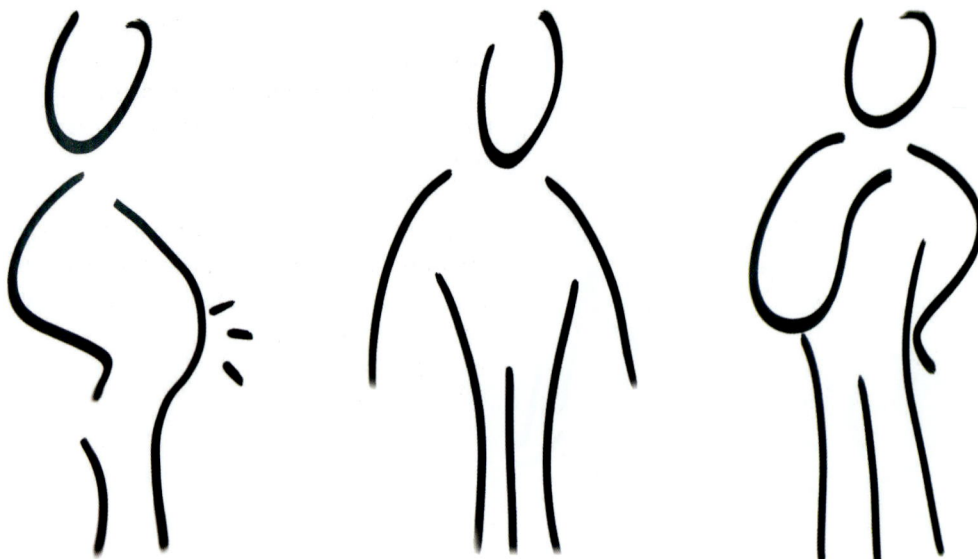

Um ein herkömmliches Strichmännchen zu zeichnen, benötigt man mindestens sechs Striche. Die hier gezeigte Art von Strichfiguren sieht nicht nur besser aus, sie benötigt in der Regel lediglich vier bis fünf dynamische Striche.

Dass die Gedankenstütze der Einfachheit ungeahntes kreatives Potential freilegen kann, hat einer meiner Seminarteilnehmer neuerlich unter Beweis gestellt. Er kreierte diese links abgebildete Figur.

Mag. Wolfgang Huber versetzt seither mit seiner tollen Spiralfigur seine ZuhörerInnen ins Staunen. Blitzschnell lassen sich aus dieser Grundform vielfältige und bezaubernde Figuren entwickeln.

Vor Freude hüpfend oder Traurigkeit pur, vielseitig ist auch diese Körperkontur.

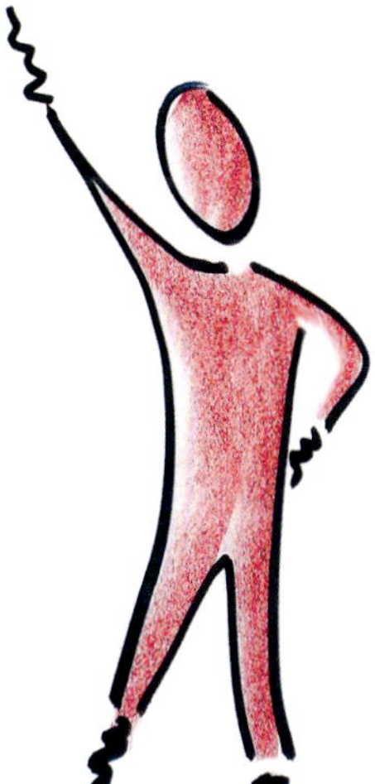

Unterschiedlich gezeichnete Figuren
bewirken eine Lebendigkeit im Ausdruck.

Visualisieren von Gruppen und Teams

Ob Team oder Gruppe, innerhalb dieser beiden Begriffsbildungen gibt es unterschiedliche Varianten, wie beispielsweise die Primärgruppe, Arbeitsgruppe bis hin zur Projektgruppe. Ebenso vielfältig sind auch die Aufgaben und Funktionen. Bei der Visualisierung ist zu beachten, dass beschreibende Team- oder Gruppeneigenschaften zum Ausdruck kommen. Dazu folgende Beispiele:

Gemeinsam als Gruppe

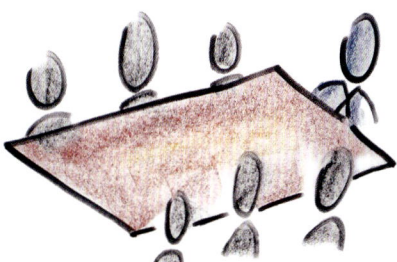

Gruppenkonferenz

Siegerteam

Der Gipfel des Erfolgs

Teilnehmergruppe

Arbeitsgruppe und Führung

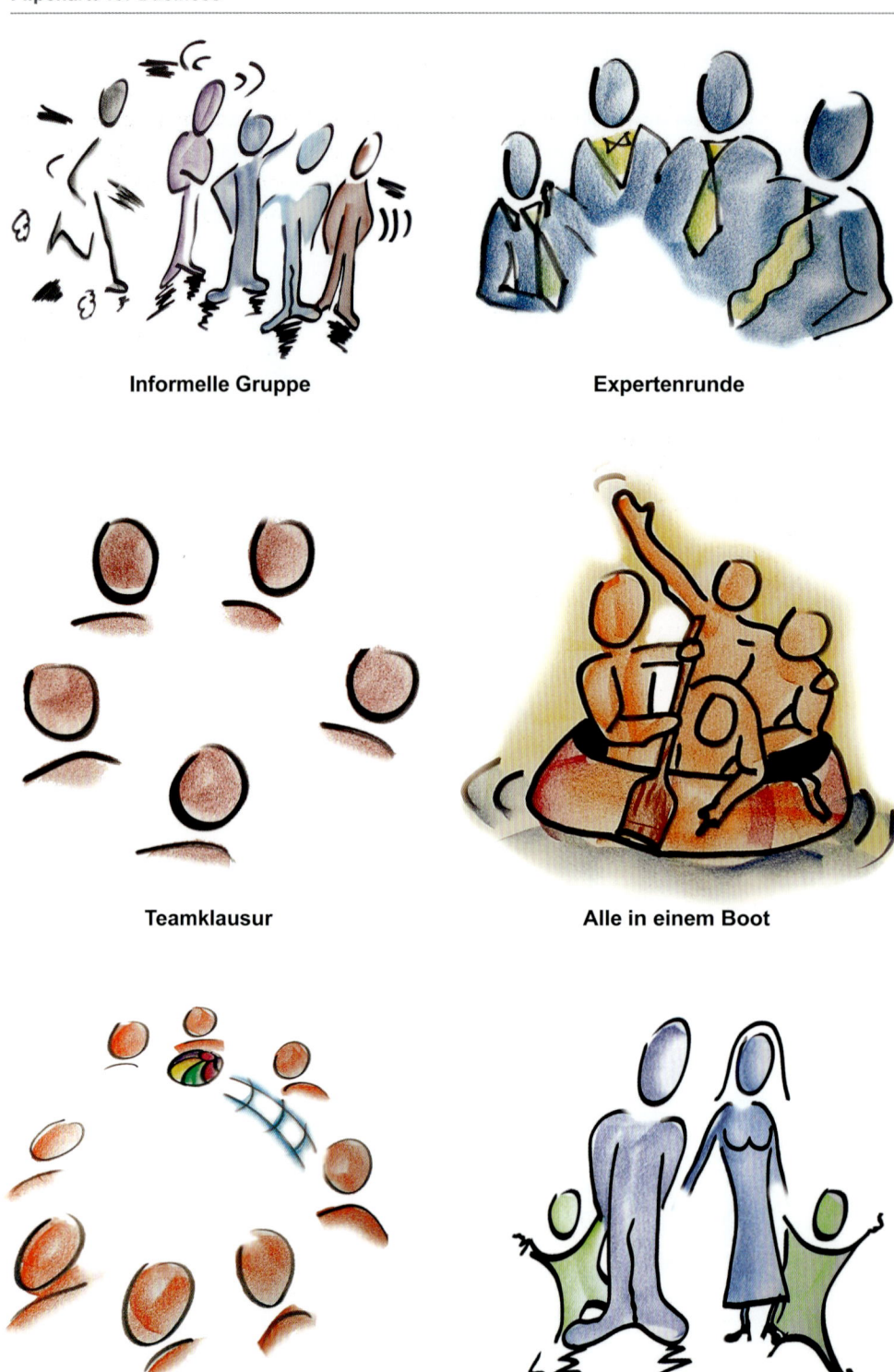

Informelle Gruppe

Expertenrunde

Teamklausur

Alle in einem Boot

Spielgruppe

Familie

Neue Visualisierungsideen durch Formenkombinationen

Dieses Kapitel stellt Ihnen nun die weiterführende Sammlung von Symbolen vor, welche, abhängig vom jeweiligen Themenkomplex, vielseitig bei Präsentationen und Moderationen verwendet werden können. Alle bisher gezeichneten Formen, Emotionen und Figuren lassen sich auch beliebig verbinden und verknüpfen. Solche Darstellungen und neue Visualisierungsideen komplettieren vorerst unser visuelles Wörterbuch. Je nach benötigtem Inhalt sind Sie nun in der Lage, Ihr eigenes zusätzliches Symbolvokabular für persönliche Vorträge, Präsentationen oder Moderationen zu erweitern und anzuwenden.

Weitere Tipps und Tricks, wie Symboliken zu kreativen und ansprechenden Darstellungen werden, zeige ich Ihnen nun an diesen Beispielen.

Kreative Headlines

Unterschiedliche Gestaltungsvarianten von Überschriften, Bannern oder sonstigen Headlines erhöhen das Interesse. Dabei lassen sich mit wenigen Linien kreative Formen zu den einzelnen Themenbereichen entwickeln. Apropos Entwicklung, dazu gleich eine geeignete Darstellungsmöglichkeit.

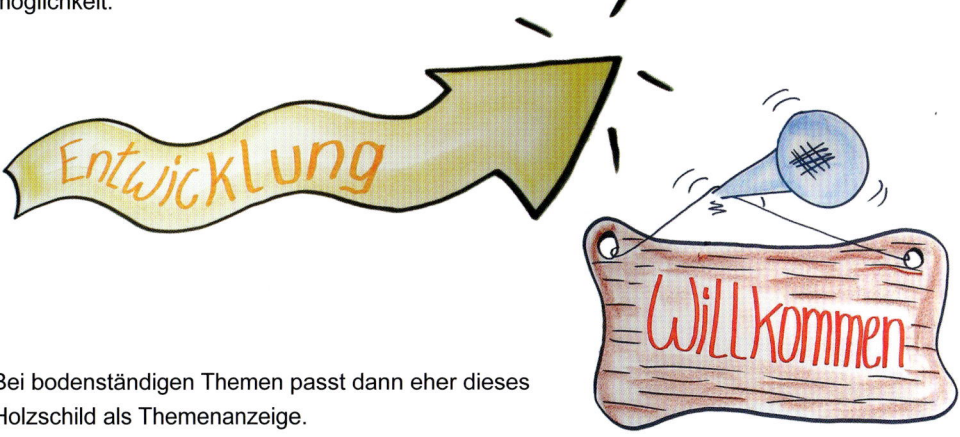

Bei bodenständigen Themen passt dann eher dieses Holzschild als Themenanzeige.

Eine an den Inhalt und die Zielgruppe ange-passte Form der Überschriftgestaltung versetzt Ihre ZuhörerInnen bei Präsentationen von Be-ginn an in Begeisterung. Mit Hilfe der in jedem Menschen vorhandenen Neugiermotivation lässt sich die Aufmerksamkeit steuern und po-sitiv beeinflussen.

In sich geschlossene Argumente, ein Thema, das nichts an zusätzlichen Fragen oder Prob-lemen offen lässt, oder auch eine runde Idee kann man mit Hilfe eines rund gezeichneten Pfeils dokumentieren. Zusätzliche dynamische Strichfolgen erhöhen die Wirkung.

Ergänzen Sie die klassische Wolke mit weni-gen Wellenlinien innerhalb der Kontur, dann er-halten Sie dafür eine voluminöse Überschrift.

Viel dynamischer und impulsiver wirkt die inver-tiert gezeichnete Wolke.

Vergleichen Sie selbst!

Plakative Headlines begeistern das Publikum zusätzlich!

Auch wenn es mal nicht so sehr nach den eigenen Zielvorstellungen läuft, ist eine humorvolle Darstellung des Problemfeldes oft der bessere Weg, um eine adäquate Lösung zu finden.

Offene Türen sind immer ein Zeichen von neuen Perspektiven und stellen die Möglichkeit der Veränderung von Situationen dar.

Ideenbörse für Symbole

Eine Glühbirne als Zeichen neuer Einfälle kann mit drei Zeichenschritten schnell und einfach visualisiert werden.

Ein Dynamikpaket mit abschließendem Lötpunkt ist der erste Zeichenschritt.

Links unten beginnend, den Strich nach oben, erste Schlaufe links, zweite Schlaufe rechts und unten endend. Fertig ist der Glühfaden.

Eine runde Form aufgesetzt und fertig. Die Farbe Blau bedeutet aus- und die Farbe Gelb eingeschaltet.

Die Visualisierungsmöglichkeit einer dynamischen Ideenentwicklung oder einer Blitzidee zeigt Ihnen diese Abbildung. Eine dynamische Spiralform, verbunden mit der Aura des Erfolges spricht für sich.

Dieses geschwungene Viereck mit zusätzlichen Linien lässt ein Sicherheits- oder Auffangnetz entstehen. Eine andere gedankliche Assoziation ist der Sicherheitsanker.

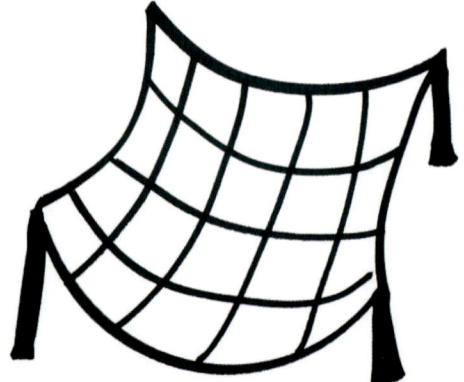

Nicht nur geschwungene, sondern auch verzerrte Rechtecke bringen einen dynamischen Zeichenstil zu Tage. Vergleichen Sie bei dieser Gelegenheit die Fensterform des Hauses mit der Tastenform dieser Fernbedienung. Sie sehen, einfache Formen sind vielseitig interpretierbar.

Egal, ob Sie die herkömmliche Gehäuseform eines PC-Bildschirms verwenden wollen oder das moderne Flachbildschirmformat, mit wenigen Strichen bringen Sie beides zum Ausdruck.

Der Büroordner als Ablage- und Archivierungssymbol gilt auch als Zeichen von Struktur und Ordnung. Beginnen Sie die Zeichenfolge mit drei großen Rechtecken, füllen Sie diese mit jeweils einer Etikette und einem Kreis. Eine zusätzliche Perspektive erhöht die Darstellungskraft.

Realisieren Sie auch technisches Equipment wie diesen simplen Fotoapparat mit den einfachsten Grundformen.

Auch aktuelle News oder wichtige Termine werden mit kreativen Formen unvergesslich.

Auch das Thema Mobilität darf hier nicht fehlen. Möglicherweise verführt solch ein Vehikel auch zu einem gedanklichen Ausflug.

Zwischen verschiedenen Meinungen, Personen oder unterschiedlichen Themenkreisen die sprichwörtliche Brücke schlagen, um so Synergien zu entwickeln.

Zeichenfolge: Drei leicht gebogene Linen als Brücke, anschließend mit „S"-Formen die Dynamik des Flusses symbolisieren.

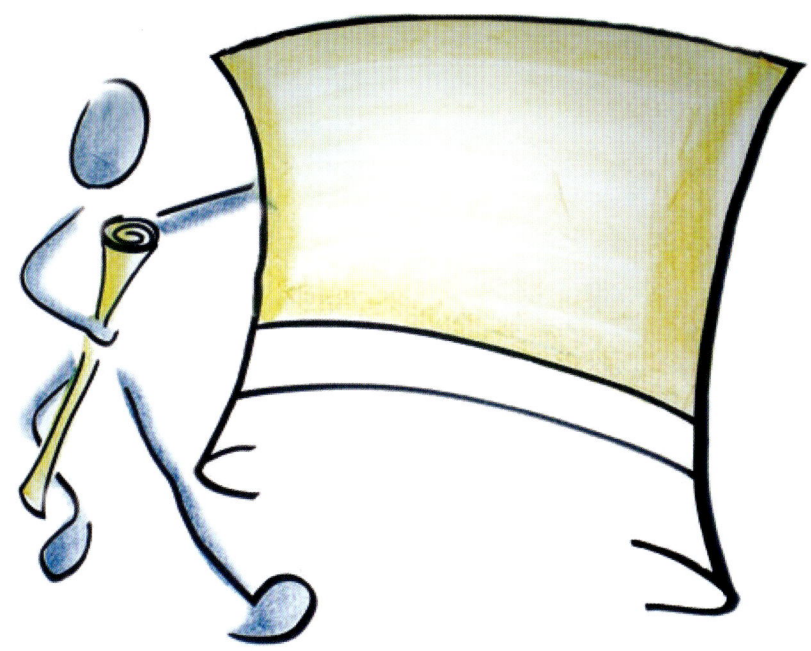

Ob Pinnwand, Leinwand oder sonstige Präsentationsmittel, beginnen Sie mit einem geschwungenen Rechteck!

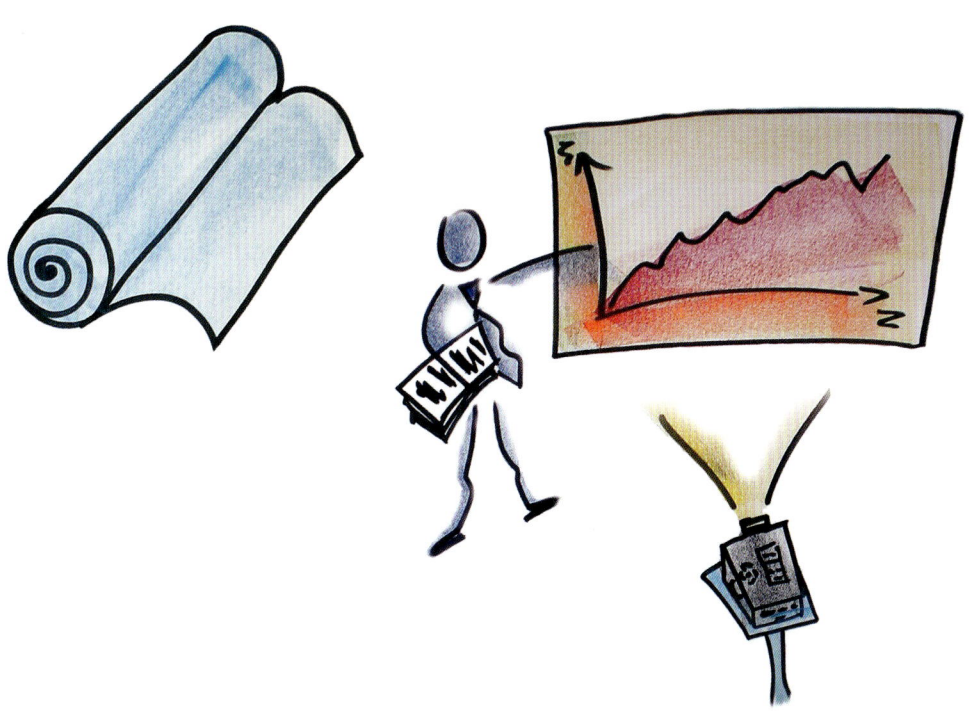

Zeichen des Erfolgs

Flaggen aller Art, vor allem aber die Zielflagge, haben sich als Erfolgssymbol bewährt.

Links die einfach zu zeichnende Art, oben die etwas perfektionistischere Darstellung. Der Preis dafür beträgt den ca. viermal höheren Zeitbedarf.

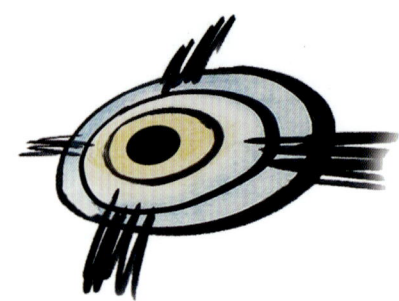

Einen Schuss ins Schwarze assoziiert diese dynamisch gezeichnete Zielscheibe. Gleichzeitig wirkt diese rasch zu zeichnende Form auch Erfolg versprechend.

Volltreffer, Visualisierungsziel erreicht!!!

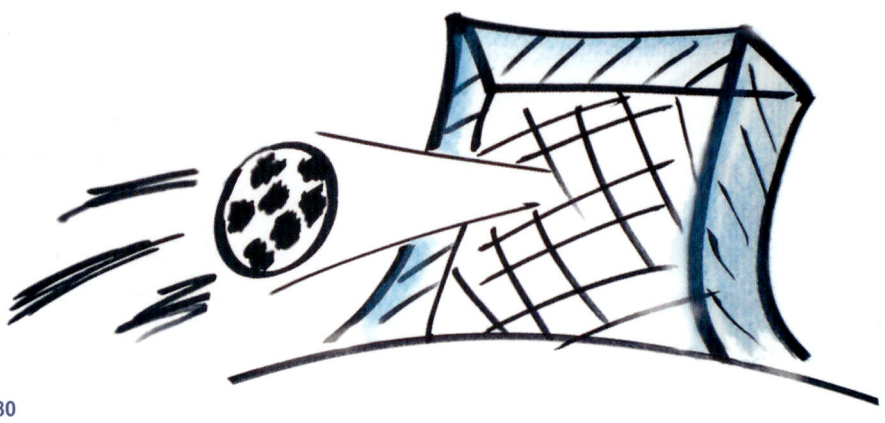

Beginnend mit einem Halbkreis, auf beiden Seiten Griffe in der Konturentechnik hinzugefügt und mit einem Standfuß als Abschluss. Fertig gezeichnet ist die Siegestrophäe. Nicht fehlen sollte allerdings die Aura.

Ein Siegespodest, der Schlüssel des Erfolgs und noch vieles mehr stehen als zusätzliche Darstellungsmöglichkeiten zur Verfügung.

Sehr anschaulich können Zukunftsorientierungen über wegweisende Symbole, wie es auch der Kompass ist, dargestellt werden. Zuerst mit der Innenkontur beginnen, dann die Gehäusekontur hinzufügen und abschließend beschriften.

Symbole für Softskill-Anwendungen

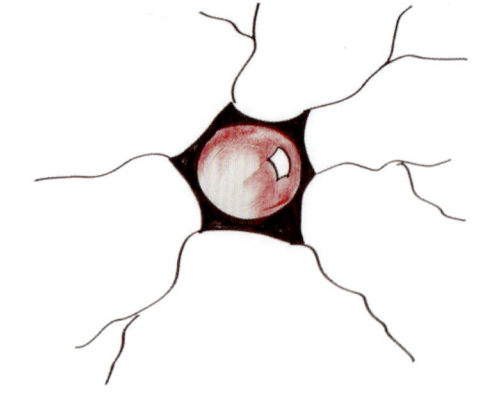

Mindmap

Eine durchschlagende Idee in einem Meeting zu kreieren, bedarf manchmal einer kreativen Darstellungsform. Hier eine ideale Ausgangs-form für ein Mindmap. Anstelle der üblichen Kreis- oder Wolkenform in der Mitte kann mit anderen Symbolen die gewünschte Aktivität bereits angedeutet werden.

Spielregeln

So wie jedes Spiel seine Regeln hat, kann die-ser Spielkartenstapel für Gruppen- oder Team-regeln stehen.

Kommunikation und Interaktion

Häufig werden diese Begriffe verwendet, um die Wichtigkeit und Bedeutung des zwischen-menschlichen Handelns vor Augen zu führen. Die beiden Pfeile stehen für die Interaktion. In-mitten können beliebige Gesprächssituationen dargestellt werden.

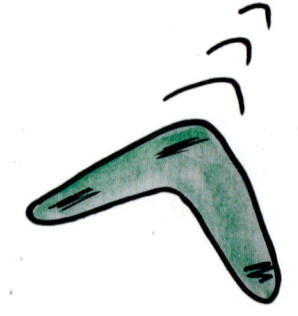

Feedback

Schenke jemandem ein Lächeln, dann be-kommst du es mindestens zehnmal zurück. So oder ähnlich beginnen viele Sinnsprüche. Nur eines ist klar, es kommt alles im Leben mindestens einmal zurück. Dazu passend ein Bumerang.

Zusammengehörigkeit

Das Ganze ist die Summe aller Teile. Bei dieser Art der Farbdarstellung könnte ja sogar österreichischer Patriotismus aufkommen.

Prioritäten setzen

Um Tätigkeiten klassifizieren zu können, sollten diese in wichtige und/oder dringliche Aufgaben unterteilt werden. Der neben-stehende Notizzettel erinnert daran.

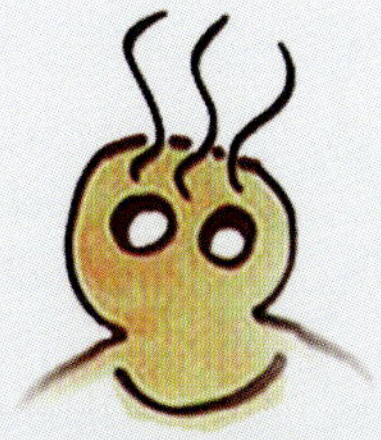

VAKOG

Die Welt der fünf Sinne beschreibt die Möglichkeiten zur Informationsaufnahme über unsere Sinnesorgane.

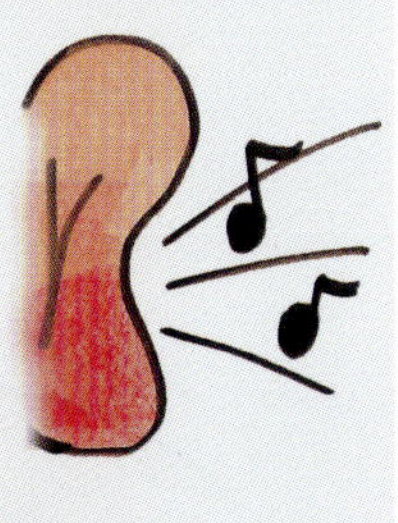

Sinneskanal	Symbol
visuell (sehen)	Auge
auditiv (hören)	Ohr
kinästhetisch (tasten)	Hand
olfaktorisch (riechen)	Nase
gustatorisch (schmecken)	Zunge

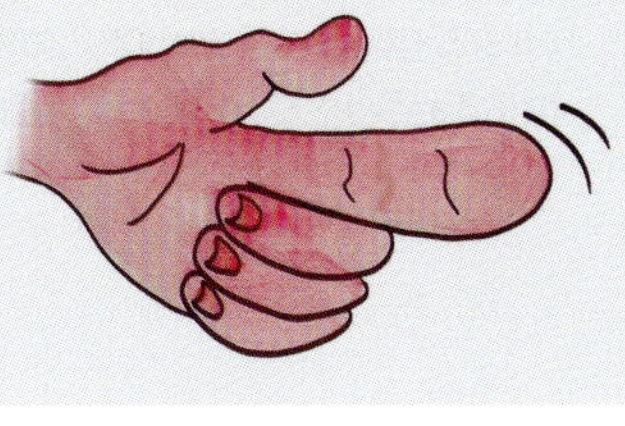

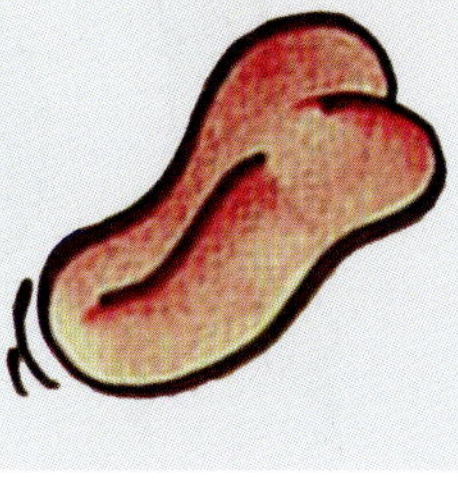

Werte

Werte sind im Gegensatz zu Normen, Regeln oder Gesetzen nicht beliebig rasch änderbar. So sind gerade Unternehmenswerte oft tradiert und über lange Zeit beständig.

Hoffnung

Im gedanklichen Zusammenhang mit dem Begriff Hoffnung steht sehr häufig das Bild eines Regenbogens.

Bauchgefühl und Intuition

Entscheidungen aus dem Bauch heraus lassen sich hiermit visualisieren. Die Intelligenz des Unbewussten steuert und beeinflusst unser tägliches Leben ohnehin weit mehr, als es das rationale Denken tut.

Auszeit

Dieses Bild soll wiederum zeigen, wie sich unterschiedliche Symbole zu einem Begriff vereinen lassen. Das Motto, welches sich hier darstellt: „Alles hat seine Zeit ... ".

Offenheit

Vertrauen ist die Basis für Offenheit. Beides hat mit Herz zu tun.

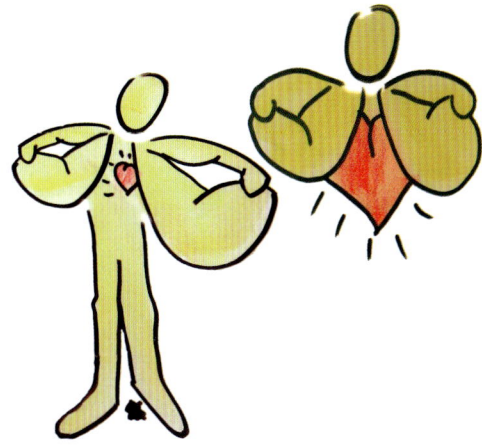

Gewinn für alle

Eine Win-Win-Strategie, auch als Doppel-siegstrategie bekannt, ist eine Konfliktlösung, bei der beide Beteiligten einen Nutzen erzie-len. Gerade in der heutigen Zeit keine Selbst-verständlichkeit.

Wer anderen eine Grube gräbt ...

Aber auch eine innere Baustelle, offene Punkte oder etwas nicht Abgeschlossenes kann damit dargestellt werden.

Hilfe annehmen

Ein Rettungsring stellt ein Angebot für eine Hilfe-leistung oder Unterstützung dar.

Orientierung und Zielerreichung

Häufig werden diese Begriffe verwendet, um die Wichtigkeit und Bedeutung des zwischenmenschlichen Handelns vor Augen zu führen. Die beiden Pfeile stehen für die Interaktion. Inmitten können beliebige Gesprächssituationen dargestellt werden.

Gedanken

Ein Gedanke ist ein unmittelbares Sinngebilde des Denkens. Mittels zusätzlicher Darstellungen in der obersten Gedankenblase lassen sich auch Inhalte hinzufügen. Beispiele dazu sind Blitz, Wolke bis hin zur Glühbirne. Auch ein zusätzlicher Gesichtsausdruck, wie auch hier gezeigt, bewirkt ein umfassenderes Bild.

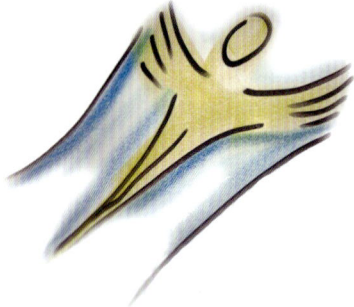

Freiheit

Darunter wird in der Regel die individuelle Möglichkeit verstanden, ohne Zwang zwischen verschiedenen Handlungsmöglichkeiten auswählen und entscheiden zu können.

Wachstum

Ein Anstieg seiner persönlichen Fähigkeiten, Fertigkeiten oder Kompetenzen beinhaltet das Baumsymbol. Für wirtschaftliches Wachstum hingegen eignet sich eine klassische Wachstumskurve.

Der Ton macht die Musik

Mit Noten lassen sich vor allem musikalische Klänge visualisieren, aber auch Tonlagen eines sprachlichen Ausdrucks. Ein geschwungenes Notenband in Verbindung mit einem Musikinstrument oder anderen Objekt zeigt Ursache und Wirkung.

Motivation und Demotivation

Wer kennt sie nicht die Geschichte von der Karotte als Motivation für den Esel. Ebenso wie das Gedankenkonstrukt „In den sauren Apfel beißen".

Karriereleiter

Vor allem das Erklimmen einer Karriereleiter geht an einem nicht immer spurlos vorüber. Mit einer schwungvoll gezeichneten Leiter lässt sich Aufstieg, Überbrückung, Abstieg oder ein Karriereknick abbilden. Bereichern Sie gegebenenfalls Ihre Zeichnung mit zusätzlichen aussagekräftigen Elementen.

Gedankenhöhle

Ein Ort, wo Schweigen, Rückzug vom aktuellen Tagesthema oder Krafttanken für neue Herausforderungen stattfinden kann. Vor allem Männer ziehen sich gerne in ihre Gedankenhöhle zurück, um sich mit aktuellen Themen zu beschäftigen oder Probleme zu wälzen.

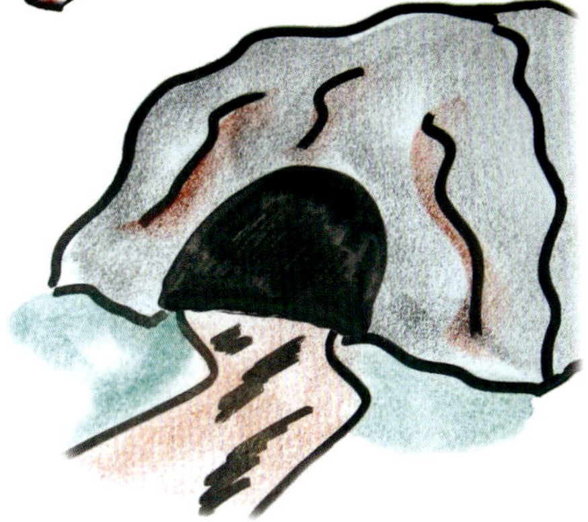

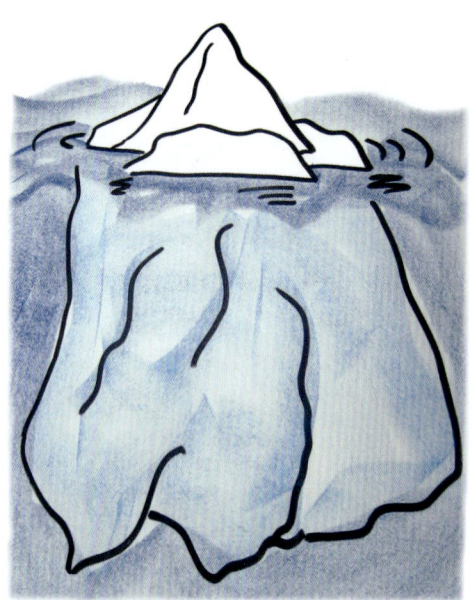

Eisberg

Das Eisbergmodell gehört zu den wesentlichen Säulen der Kommunikationstheorie zur zwischenmenschlichen Kommunikation. Es zeigt unter anderem, dass der weitaus größere Anteil der Handlungsmotive eines Menschen im nicht sichtbaren Bereich liegt. Diese Grafik wird ebenfalls für die Darstellung von Situationen verwendet, wo verdeckte Handlungen erfolgen bzw. vermutet werden.

Mit lebhaft gestalteten Symbolen erreichen Sie lebendige Präsentationen!

Dieses engagierte PädagogInnen-Team vom Bundesrealgymnasium IX in Wien unter der Leitung von Direktor Dr. Michael Söros verwendet auch in seinem Kommunikations- und Präsentationsunterricht erfolgreich die erlernten Techniken von „Flipcharts for Business".

Visualisierungsbeispiele
für Projekt- und Prozessmanagement

Mit großem Erfolg werden „Flipcharts for Business" auch in den Bereichen Projekt- und Prozessmanagement eingesetzt. Sie führen nicht nur zur besseren Verständlichkeit von Projektinhalten, sondern stellen Gesamtsituationen einfacher dar.

Der Blick auf das in der Ferne liegende und zu erreichende Ziel ist wesentlich für den Projekterfolg.

Beginnen Sie bei dieser Darstellung mit dem Zeichnen der Berge und fügen Sie dann die Strichfigur mit dem körpersprachlichen Ausdruck „In die Ferne blicken" hinzu.

Mit zusätzlichen Pfeilformationen lassen sich ausdrucksstarke Symbole erstellen.

Kombinieren Sie Figuren mit themenspezifischen Symbolen!

Vor allem in der Beginnphase von Projekten können kreative Visualisierungen bei den beteiligten Personen wahre Motivationsschübe auslösen.

Eine klar definierte Zielformulierung ist für eine erfolgreiche Projektdurchführung unabdinglich. Der Weg zur Zielerreichung ist gekennzeichnet von unterstützenden Faktoren, aber auch Barrieren. Die hier gezeigte Darstellung dient als visuelle Metapher für das beginnende Projekt, um die ersten wichtigen Schritte gemeinsam in einer Projekt-gruppe festzulegen. Der orange gezeichnete Pfeil ist das Symbol des gemeinsamen Prozesses. Die links oben gezeichneten Berge weisen auf mögliche Hindernisse und Barrieren hin. Mit dunklen Gewitterwolken lassen sich auch Gefahren symbolisieren. Die Bäume, rechts oben gezeichnet, assoziieren Kraft und Beständigkeit und stellen Erfolgsfaktoren dar. Erarbeiten Sie mit Hilfe dieser Visualisierung die einzelnen Faktoren gemeinsam in der Gruppe und fügen Sie die Ergebnisse schriftlich in das Bild ein.

Eine wirkungsvolle Möglichkeit, Texte einzufügen, ist die Verwendung von Moderationskarten bei Flipchartpräsentationen. Ersparen Sie sich dabei aufwändige und übel riechende Sprühkleberaktionen. Verwenden Sie stattdessen einen handelsüblichen Klebestick. Zwei senkrechte Klebestriche je Moderationskartenreihe auf das Flip aufgebracht und einer faszinierenden Präsentationstechnik steht nichts mehr im Wege. Die nebenstehende Abbildung zeigt Ihnen dazu ein Beispiel. Bei dieser Präsentation ging es thematisch um Unterschiede von Lerneigenschaften in Abhängigkeit vom Lebensalter beim durchgeführten Projekt „Lernmethoden für 45+".

Auch während der einzelnen Projektphasen lassen sich wegweisende Entscheidungen eines Steuerungsteams kreativ und einfach auf das Papier bringen.

Des Öfteren besteht die Herausforderung, den Zusammenhang von einzelnen Arbeitspaketen oder Teilprojekten sichtbar zu machen. In solch einem Fall konnte ich mit dieser Eisenbahn-metapher gute Erfahrungen sammeln.

Perspektivenwechsel können helfen, unterschiedliche Standpunkte und Meinungen zu akzeptieren. Das erhöht auch das Verständnis für bestimmte Entscheidungen. Gerade das kann für Projektteammitglieder eine große Herausforderung sein.

Eine gelungene Prozessoptimierung oder ein erfolgreicher Projektfortschritt lassen sich mit drei Strichen und zwei Pfeilen darstellen.

Zeit ist Geld, daher sind Zeitpläne im Projektmanagement ein wichtiger Faktor. Auch dann, wenn manchmal die Uhr schon fast abgelaufen ist.

Bilder im Kopf erhöhen die Verständlichkeit von Inhalten!

So lässt sich dieses Bild von einem Pflaster verwenden, um auf eine bestehende Übergangslösung hinzuweisen.

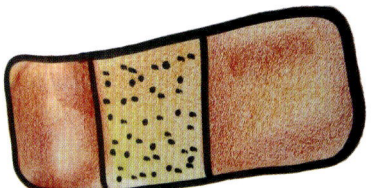

Die Vorgangsweise bei der Erstellung einer ABC-Analyse bzw. eines Pareto-Diagramms ist mit diesem Bild leicht erklärbar.

Und wenn es um die richtige Projektsteuerung geht, dann sollten Sie den Überblick nicht verlieren.

Auch bei der Verwendung dieser Symbole sollte man den Blick über den Tellerrand nicht scheuen. Denn viele dieser Abbildungen lassen sich direkt oder in leicht abgewandelter Form auch in anderen Themenbereichen gut verwenden.

Visualisierte Begriffe aus der Welt von Betrieben und Unternehmen

Kapital

In der Begriffswelt der neueren Volkswirtschafts-lehre ist das Kapital neben der Arbeit, dem Bo-den und der Information oder dem Wissen einer der vier Produktionsfaktoren. Hier dargestellt ist die Form des Geldkapitals. Dieses Symbol eig-net sich ebenso für die Begriffe Geld, Umsatz, Gewinn, Kosten, Preis, Investition und positive Bilanz.

Teuerung

Durch den täglichen Einkauf von Produkten be-kannt, eignet sich das klassische Preisetikett hervorragend für diesen Begriff. Mit einem zu-sätzlichen Pfeil kann die Teuerungsrate zusätz-lich angegeben werden.

Tageslosung

Die Kombination Kalenderblatt und Geldbeutel ergibt die Begriffe Tageslosung, Tagesumsatz oder Tageslohn.

Umsatzsteigerung

Für die kreative Darstellung einer Umsatzstei-gerung findet diese Münze Verwendung. Anstatt des Währungssymbols wird die Steigerungs-kurve eingesetzt.

Innovation

Die zündende Geschäftsidee für einen Unternehmenserfolg ergibt sich aus dem kreativen Potential von Menschen.

Unternehmenswachstum

Pflanzen ganz allgemein stehen für den Begriff Wachstum. So werden in vielen Werbeeinschaltungen zart sprießende Pflänzchen aus Menschenhand gezeigt. Diese Metapher lässt sich allerdings auch auf eine bestimmte Produktentwicklung oder auf ein gesamtes Unternehmen ummünzen.

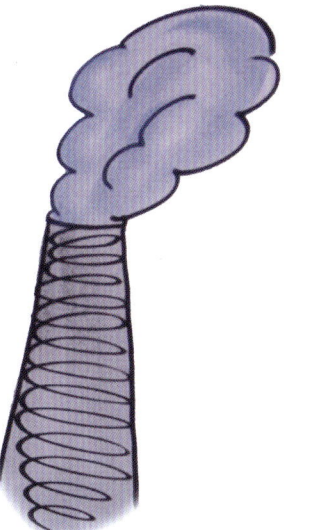

Produktion

Produktion, Fertigung, Fabrikation, all diese Begriffe lassen sich mit Fabriksschloten verbildlichen.

Automatisierung

Die mit Hilfe von Maschinen realisierte Übertragung von menschlicher Arbeit auf Automaten kennzeichnet diesen Begriff. Der Schweißroboter war vor allem für den Automotivbereich lange Zeit das Synonym.

Dienstleistung

Eine Person steht im Vordergrund dieser Art von Leistungserbringung. Viele körpersprachliche Akzente lassen sich demnach in Verbindung von unterschiedlichen Tätigkeiten bei dieser Darstellungsvielfalt verwenden.

Sachleistung

Die Abgrenzung zwischen Dienst- und Sachleistung ist letztlich fließend. Ist es dennoch notwendig, Sachgüter darzustellen, empfiehlt sich im einfachsten Fall immer die Paketform.

Kundenzufriedenheit

Wenn Kunden ihre Erwartungen an eine Leistung erfüllt sehen, spricht man von Konfirmation. Die heutzutage häufig anzutreffende Prozessdarstellung findet auch hier ihre Verwendung.

Zentralisierung

Unter Zentralisation oder Zentralisierung versteht man allgemein die Fokussierung auf einen Mittelpunkt, auf eine Zentrale oder ein Zentrum.

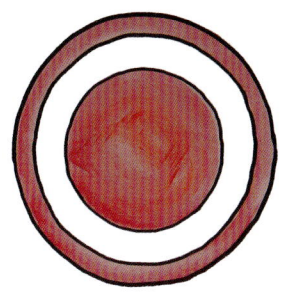

Fusion

Der Zusammenschluss von zwei oder mehreren Unternehmen zu einem einzigen Unternehmen ist eine wirtschaftliche Fusion.

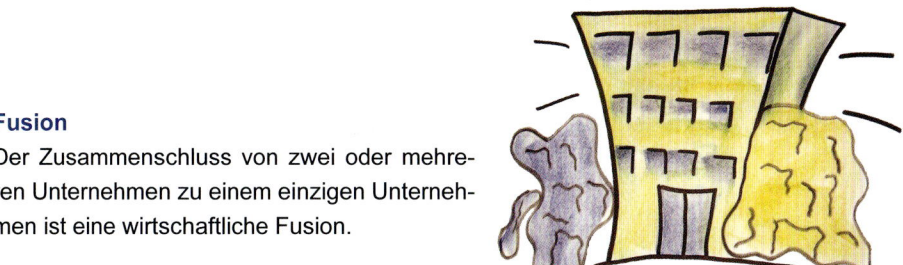

Wirtschaftseinheit

Eine wirtschaftlich aktive, in sich geschlossene und somit nach außen abgegrenzte organisatorische Einheit bezeichnet man als Wirtschaftseinheit. Beispiele sind Betriebe oder Kommunen.

Organisation

Das Rechteck als Grundform für Organisation, Aufgabe, Gruppe bzw. Aufgabengruppe kann auch hierarchiebetont in einem Dreieck formuliert werden.

Formenvernissage

In welch kurzer Zeit Menschen ihr zeichnerisches Potential zum Ausdruck bringen können, um fachliche Inhalte zu visualisieren, erfahre ich ständig in meinen Seminaren. In weiterer Folge unterstützt die persönliche Kreativität die Vielfalt von visuellen Vokabeln. Hier ein von meinen SeminarteilnehmerInnen erstellter Seminareinblick:

Erfolgreiche Besprechungen mit visueller Kommunikation

Besprechungen gehören heutzutage zum beruflichen Alltag. Darauf ausgerichtet, Entscheidungen vorzubereiten, zu treffen oder lediglich über Aktualitäten zu informieren, sind Besprechungen auch sehr notwendig geworden. Sie sind mitunter der Schlüssel für den unternehmerischen Erfolg. Allerdings stehen ineffiziente Besprechungen meist weit oben auf der Liste der Zeit- und Energieverschwender, von den Kosten mal ganz zu schweigen. Unzählige Literatur gibt es bereits zum Thema „Effiziente Besprechungen" und allesamt stellen die AutorInnen neben einer Liste von Ratschlägen vor allem die Wichtigkeit und Bedeutung der Visualisierung in den Vordergrund. Erfolgreiche Unternehmen wissen davon und fördern deshalb auch die firmeninterne Besprechungskultur durch eine entsprechende Ausstattung von vorhandenen Besprechungsräumlichkeiten. Kaum ein Sitzungszimmer verfügt nicht über Flipchartständer und zahlreiche Pinnwände. Allerdings lassen sich diese Hilfsmittel auch als „multifunktional" bezeichnen, da sie sich nicht nur zum Zwecke der Präsentations- oder Moderationstechnik eignen, sondern häufig Anwendung als kreativer Raumteiler, Prospekthalter, Sicht- oder Sonnenschutz finden. Sie meinen, ein Scherz? Nein, vielmehr eine täglich zu beobachtende Tatsache.

Hauptbarrieren, die oft zur Nichtverwendung führen, sind:

- Teil der Unternehmenskultur
- mangelnde Vorbereitung
- Konzeptlosigkeit
- Demotivation
- Glaubenssatz „Ich kann nicht visualisieren!"
- Ausgetrocknete Flipchartstifte

Neben dem angesprochenen Versäumnis der Visualisierung von Besprechungsinhalten sind selbstverständlich noch weitere Faktoren für die Ineffizienz von Besprechungen ausschlaggebend. Ein kurzer Exkurs zum Thema Besprechungen weist auch auf effiziente Einsatzmöglichkeiten von Flipcharts in Besprechungen hin.

Arten von Besprechungen

Besprechung

lat. conferre = zusammentragen

- Besitzt formellen Charakter
- Erfolgt aufgrund einer Einladung
- Es gibt einen konkreten Anlass
- Ist geplant

Eine Vielzahl von Veranstaltungsformen wird im täglichen Sprachgebrauch als Besprechungen bezeichnet. Für einige dieser Formen trifft der Besprechungsterminus zu, für andere im Sinne der Definition nicht. So erfolgt beispielsweise in formlosen Gesprächen am Gang oder in der Kaffeepause ein oft nicht unwesentlicher Informationsaustausch. Eine Besprechung im engeren Sinn unterscheidet sich allerdings von solch einem Gespräch doch wesentlich. Betrachten wir die wichtigsten Besprechungsformen.

Besprechungen mit Entscheidungscharakter

Zu dieser Kategorie gehören typischerweise die Konferenz und der Workshop. Bei einer Konferenz stehen klare Zielvorgaben im Vordergrund, deren Ergebnisse meist in einer geleiteten oder moderierten Diskussion erarbeitet werden. Konferenzen laufen demnach sachlich und hierarchiekonform ab. Bei einem Workshop, der zweiten Art von Besprechungen mit Entscheidungscharakter, ist vor allem das gemeinsame Erarbeiten von Ergebnissen wichtig. Anders als bei einer Konferenz müssen die zu bearbeitenden Probleme oder Zielvorgaben nicht unbedingt klar definiert sein. In einem Workshop setzt sich der Teilnehmerkreis hierarchieübergreifend zusammen und man bedient sich einer Vielzahl von Problemlösungsmechanismen und Methoden, um ein positives Ergebnis zu erzielen.

Besprechungen mit Informationscharakter

Informationsveranstaltungen, meist von der Führungsebene einberufen, dienen der Herstellung eines gemeinsamen Informationsstandes. Dabei steht es den TeilnehmerInnen meist frei, Fragen zu stellen. Allgemeine Diskussionen gibt es dabei allerdings nicht. Informationsveranstaltungen können auch benützt werden, um bestimmte Aufgaben zu delegieren bzw. zuzuweisen. Sie dienen in erster Linie der Koordination und Abstimmung von Tätigkeiten.

Besprechungen mit Gesellschaftscharakter

Im Fokus dieser Besprechungsform steht der gesellschaftliche Aspekt und weniger die Lösung von Problemen. Sie dient vorweg dem Erfahrungsaustausch, der Festlegung gemeinsamer Vorgehensweisen und der Aufrechterhaltung von Kontakten. Meetings, ebenso wie Symposien oder Tagungen, die ja auch nicht unbedingt der typischen Besprechungsdefinition standhalten, bieten allerdings tolle Einsatzmöglichkeiten für Flipcharts for Business.

Der Weg zu effizienten Besprechungen

Gute Vorbereitung

Eine gute Vorbereitung ist das A und O einer effizienten Besprechung. Inhaltlich gut vorbereitet heißt, dass alle Punkte der Besprechung vorher gründlich überlegt wurden. Um die festgelegte Reihenfolge der Inhalte einzuhalten, empfiehlt es sich, diese strukturiert auf einem Flipchart festzuhalten. Diese Visualisierung hat mehrere Vorteile:

- Struktur und roter Faden ist für alle BesprechungsteilnehmerInnen sichtbar und erkennbar.
- Damit wird die gute Vorbereitung assoziiert.
- Die Struktur gibt Sicherheit, um nichts zu vergessen.
- Die Aufmerksamkeit wird geweckt.

Bedenken Sie auch, welche zusätzlichen Informationen wirklich notwendig sind. Ein Grund für eine zu lange Besprechungsdauer ist, dass ein großer Teil von Informationen, die von den Teilnehmern üblicherweise zusammengetragen und ausführlich diskutiert werden, sich als redundant erweisen. Zweckmäßige Informationen sollten bereits vor der eigentlichen Besprechung an die TeilnehmerInnen verteilt werden, sodass jede/r ausreichend Zeit hat, sich damit zu beschäftigen. Während der Besprechung kann dann die Zeit viel sinnvoller für die Diskussion und Lösung neuer Themen und Probleme verwendet werden.

Einladungen verschicken

Wie auch bei privaten Anlässen wird dem Inhalt und der Form einer Einladung eine nicht unwesentliche Bedeutung beigemessen. Worum geht es? – Wer ist dabei? – Wann und Wo? sind Fragen, die es zu beantworten gilt. Vor allem die Unwissenheit über den Zweck einer geplanten Besprechung kommt als Kritikpunkt immer wieder ans Tageslicht. Motivieren Sie bereits im Vorfeld Ihre Zielgruppe, indem folgende Punkte in der offiziellen Einladung berücksichtigt werden.

- Organisatorisches – Ort und Zeit
- Bekanntgabe von Ziel und Zweck
- Tagesordnungspunkte
- Teilnehmerliste
- Falls erforderlich Infomaterial beilegen

Arbeitsumgebung schaffen

Organisieren Sie für Ihre Besprechung eine störungsfreie Atmosphäre. Vor allem die Sitzordnung beeinflusst die Besprechungsatmosphäre. Kommen bei Informationsveranstaltungen I-Form, E-Form oder Kinobestuhlung oft zur Anwendung, sollten bei Besprechungen mit Entscheidungscharakter runde Sitzordnungen oder eine U-Form bevorzugt werden. Diese verringert den gefühlsmäßigen Abstand zwischen der Besprechungsleitung und den TeilnehmerInnen.

Um eine Visualisierung während der Besprechung im Sinne dieses Buches zu gewährleisten, sollte vor allem den benötigten Medien besondere Aufmerksamkeit geschenkt werden. Eine ausreichende Anzahl von Flipchartständern, Pinnwänden und dazugehöriges Papier sind bereits Erfolgsgaranten. Besonders auf funktionstüchtige Flipchartstifte sollte man nicht vergessen. Die vielerorts vorhandenen Moderationskoffer erfüllen oft die Anforderungen nicht. Berücksichtigen Sie daher bereits im Vorfeld die zu den gewählten Besprechungsmethoden benötigten Medien und Materialen.

Motivation durch Rollenverteilung

Eine Möglichkeit, dem Dilemma zu entgehen, dass ein/e BesprechungsleiterIn
- die Besprechung moderieren und Inhalte visualisieren soll,
- den Zeitplan einzuhalten hat,
- die Kommunikation leiten soll
- und darauf zu achten hat, dass der Besprechungszweck erfüllt wird,

kann durch eine Rollenverteilung gelöst werden. Je nach Besprechungsform unterschiedlich lassen sich folgende Aufgaben delegieren:

Wer moderiert?

Sie können eine Besprechung entweder leiten oder daran teilnehmen, beides geht nicht. Wenn Sie ModeratorIn sind, dann konzentrieren Sie sich ganz auf diese Rolle.

Wer visualisiert?

Dieses Buch soll helfen, Ihre Zeichenfähigkeit so zu steigern, dass Sie in der Lage sind, wesentliche Inhalte live mitzuvisualisieren. Aber auch diese Aufgabe lässt sich delegieren. Somit haben Sie in der Rolle der Besprechungsleitung mehr Zeit, um sich auf die Gesprächsführung zu konzentrieren.

Wer dokumentiert?

Die zur Protokollführung bestimmte Person hält alle Ergebnisse fest. Vor allem die nächsten Schritte mit Verantwortlichkeiten und Terminierung sind festzuhalten. Ist die Besprechung beendet, so ist das Protokoll umgehend an den TeilnehmerInnenkreis zu übermitteln.

Wer achtet auf die Zeitvorgaben?

Eine oft vernachlässigte, aber umso wichtigere Funktion ist jene des Zeitwächters. Öfters sieht man in Besprechungen bereits eine Stoppuhr mit Warnsignal liegen. So oder so, vergessen Sie nicht: „Zeit ist Geld".

Je stärker TeilnehmerInnen in eine Besprechung eingebunden werden, desto motivierter sind sie.

Besprechung durchführen

In Besprechungen spielen viele Dinge eine Rolle, welche mit den Inhalten oft nur peripher zu tun haben. Geringes Engagement, Machtkämpfe, falsche Erwartungen, keine Möglichkeit mitzuentscheiden, das sind nur einige Kritikpunkte. Die Unterteilung in ein Drei-Phasen-Modell liefert hier wichtige Hinweise auf Details, welche zum Gelingen einer Besprechung führen. Man unterscheidet:

- die Eröffnungsphase bzw. den Besprechungsbeginn,
- die Durchführungsphase
- und die Abschlussphase.

Positiver Beginn

Nützen Sie die Möglichkeit, rechtzeitig am Besprechungsort zu sein. Das ermöglicht Ihnen, die Gunst des Augenblicks zu nützen, um bereits vor Beginn der Besprechung Aufwärmarbeit zu leisten. Starten Sie dann ihre Besprechung pünktlich zum geplanten Zeitpunkt. Das inoffizielle Ziel zu Beginn einer Besprechung ist vor allem jenes, dass ein positives Interesse bei den TeilnehmerInnen geweckt wird. Eine kurze und freundliche offizielle Begrüßung

kennzeichnet einen positiven Einstieg. Klären Sie Organisatorisches Tagesordnung, Zeitplan und Rahmenbedingungen, wie z. B. Mobiltelefone lautlos stellen, und achten Sie darauf, ob eine Vorstellung einzelner TeilnehmerInnen erforderlich ist.

Kommen Sie anschließend zum Kern der Sache. Je nach Kollegium und Situation scheint es ebenfalls sinnvoll zu sein, geplante Vorgangsweisen (z. B. Anwendung von bestimmten Moderationsmethoden) anzukündigen. Beachten Sie dabei TeilnehmerInnenreaktionen, ob eventuell zusätzliche Anleitungen erforderlich sind.

Visualisieren Sie

Mit unseren fünf Sinnen nehmen wir die Reize und Informationen aus unserer Umwelt auf. Vor allem aber auf visuelle Reize reagiert bekanntlich das Augentier Mensch sehr stark. Über das Auge stürmen ungefähr 75 % der Informationsmenge auf uns ein. Das Gehirn hat nun die Aufgabe, aus dieser Flut von Eindrücken die wirklich relevanten Dinge zu erkennen und auszusortieren.

Mit Hilfe von ansprechenden Visualisierungen erleichtern Sie die Gehirnarbeit und steigern die Merkfähigkeit.

Aktives Zuhören und die richtige Fragetechnik

Während des gesamten Besprechungsablaufes gilt es ein engagiertes und konstruktives Arbeiten zu ermöglichen. Der positive Kontakt zwischen der Besprechungsleiterin/dem Besprechungsleiter und den TeilnehmerInnen ist ein entscheidender Faktor dafür, dass eine störungsfreie Kommunikation überhaupt erfolgen kann. Eine der Zielgruppe angepasste verständliche Sprache, Artikulation und Formulierung von Informationen gehören ebenso zu einer guten Gesprächskultur wie auch aktives Zuhören und ausreden lassen. Wenn Sie Besprechungen leiten, heißt das nicht immer, dass Sie viel reden sollen. Viel mehr bedeutet es, ein Gespräch so zu lenken, dass Sie von Ihren TeilnehmerInnen erfahren, was Sie wissen wollen. Wenn Fragetechniken gezielt eingesetzt werden, lassen sich Gespräche leichter lenken. Hier ein Überblick:

- Informationsfragen, auch W-Fragen genannt, geben Ihrem Gegenüber die Möglichkeit, viel zu erzählen und Ihnen die Chance, viel zu erfahren.
- Geschlossene Fragen können praktisch nur mit ja oder nein beantwortet werden. Diese Frageform ist dann hilfreich, wenn es darum geht, ein Gespräch auf den Punkt zu bringen oder eine Entscheidung zu erreichen.
- Konsensfragen (Sind Sie einverstanden ...) haben eine inhaltliche Einigung zum Ziel.
- Alternativfragen lassen dem Gesprächspartner zwei oder mehrere Alternativen offen.
- Rhetorische Fragen sind keine echten Fragen, weil sie die Antwort schon vorwegnehmen. Sie sind für die Gesprächsführung nur von eingeschränkter Bedeutung.
- Nachfragen bedeutet, was im Detail gemeint ist. Die Gesprächspartnerin bzw. der Gesprächspartner wird dadurch aufgefordert, eine gemachte Aussage weiter zu präzisieren.
- Provozierende/provokative Fragen: Wenn es Ihnen nicht gelingt, eine Antwort oder eine Festlegung zu erhalten, kann eine gezielte Provokation das Gespräch weiterbringen. Aber Vorsicht, denn die Provokation gehört zu den härteren Stilmitteln.
- Suggestivfragen werden häufig manipulierend eingesetzt, um eine eigene Meinung durchzusetzen (Sie wollen doch sicher auch ...).
- Systemische Fragen (... was wäre wenn ...) sind reflektierend und zirkulär.
- Die Wunderfrage bringt eine ins Stocken geratene Diskussion oft wieder in Schwung. „Nehmen wir an, die gute Fee hätte dieses Problem beseitigt. Was ist morgen anders?"

Da Besprechungen auf Interaktionen beruhen, ist es unvermeidlich, dass Problemsituationen auftreten. Manche dieser Probleme werden von TeilnehmerInnen verursacht, manche ergeben sich aus bestimmten Methoden oder aus dem Besprechungsverlauf. In jedem Fall liegt es im Verantwortungsbereich der Besprechungsleitung, eine Diskussion so anzuregen, dass sie möglichst fruchtbar ist und in die gewünschte Richtung verläuft.

Auf konkrete Vereinbarungen achten

Damit die Umsetzungsrate von Vereinbarungen steigt, braucht es die freiwillige Verpflichtung von hauptverantwortlichen Personen. Eine Möglichkeit, dies zu erreichen, besteht darin, dass die Besprechungsleitung die letzten Minuten der Besprechung dafür verwendet, getroffene Vereinbarungen noch einmal aufzulisten und dann die Verantwortung an die TeilnehmerInnen überträgt. In dieser Phase ist dafür zu sorgen, dass jede und jeder ein Mindestmaß an Eigeninitiative übernimmt. Achten Sie auch darauf, dass die zu übernehmenden Aufgaben nicht zu umfangreich sind. Große Aufgaben müssen in Teilschritte zerlegt werden, sodass der Erfolg schneller greifbar wird. Es ist oft sehr frustrierend und demotivierend, wenn bis zur nächsten Besprechung nicht über einen Erfolg bzw. Fortschritt einer beschlossenen Maßnahme berichtet werden kann.

Positiver Abschluss

Bringen Sie als BesprechungsleiterIn ihre wertschätzende Haltung gegenüber den TeilnehmerInnen auch am Besprechungsende zum Ausdruck.

Nachbereitung

Schaffen Sie Verbindlichkeiten und Transparenz durch Besprechungsprotokolle, vervielfältigen und verteilen Sie unmittelbar nach einer Besprechung das Protokoll, das neben den Ergebnissen auch die nötigen Umsetzungsschritte enthält: Wer was bis wann zu erledigen hat. Reflektieren Sie selbst nochmals über den gesamten Besprechungsablauf und nützen Sie die Möglichkeit, Verbesserungen für die folgende Besprechung zu erkennen.

Wirkungsvoll Flipcharts präsentieren und visualisieren

Visuelle Kommunikation ist de facto ein Erfolgsgarant für jede Art von Präsentationen, insbesondere bei Geschäftspräsentationen. Gerade in diesem Segment kann man mit Visualisierungen sein Publikum begeistern und seine Informationen nachhaltig verankern. Erfolgreiche Geschäftsleute kennen den Unterschied von klassischen RednerInnen und wirksamen PräsentatorInnen. Präsentation ist eben mehr als nur Rhetorik. Der Einsatz von unterschiedlichen Medien, ein professioneller Medienmix und das sichere Auftreten als Person sind wesentliche Faktoren für gelungene Präsentationen. Spannend und packend sollen Geschäftspräsentationen sein und nicht, wie häufig zu beobachten, trocken und langweilig. Die Übersetzung von fachlichen und komplexen Inhalten in sichtbare Zusammenhänge erfordert eine kreative Art des Denkens und der Vorbereitung. Schon in der Vorbereitungs-

phase müssen Sie wissen, welche Ideen und Inhalte auf welche Art schnell und wirkungsvoll zu vermitteln sind. Die Medienwahl erfolgt meist einseitig auf PowerPoint, selten aber auf unterschiedliche Medien.

Der Grundsatz: „Sie können über alles reden, aber nicht länger als 20 Minuten!" scheint vergessen zu sein. Gemeint ist, dass nach spätestens 20 Minuten ein Medienwechsel erforderlich ist, um die Spannung im Publikum aufrecht zu erhalten. Häufig sind fehlende Kenntnisse bzgl. der Handhabung von Medien die Ursache oder die Angst vor Prestigeverlust. Wer blamiert sich schon gerne durch ein unleserliches Flipchart mit nicht zu identifizierenden Kritzeleien. Dagegen erscheinen Probleme bei Computerpräsentationen harmlos, denn falls es nicht funktioniert, hat man noch immer den Joker „Schuld ist die Technik!" in der Hand. Durch meine vielseitigen und weltweiten Präsentationserfahrungen, die ich in zwei Jahrzehnten sammeln durfte, kann ich für mich nur eines festhalten, dass Flipchartpräsentationen oder ein perfekter Mix aus Flipchart und PowerPoint zu jenen Veranstaltungen zählten, die bis heute unvergessen geblieben sind. Daher bin ich zur Überzeugung gelangt, dass mit der neuen Zeichentechnik von „Flipcharts for Business" eine hohe Aufmerksamkeit geweckt wird, die Verständlichkeit von Inhalten wesentlich gesteigert werden kann und das Publikum motiviert und begeistert die Präsentation lange in Erinnerung behalten wird.

Präsentation vorbereiten

Eine gute Vorbereitung wird nicht den Erfolg unserer Präsentation garantieren, aber kaum eine Präsentation wird erfolgreich sein, wenn diese nicht bis ins Detail vorbereitet ist.

Ziel formulieren

Eine unklare oder eine fehlende Zielformulierung ist wohl der Hauptgrund für nicht erfolgreiche Präsentationen. Wenn eine Präsentation als erfolgreich beurteilt werden soll, ist vorher zu definieren, was als Erfolg zu verstehen ist. Das Ziel einer erfolgreichen Präsentation sollte immer ein von Ihnen gewünschtes Handeln bei den ZuhörerInnen auslösen.

Wenn die ZuhörerInnen als Folge unserer Präsentation genau dies tun, beispielsweise einen Antrag genehmigen, einer Meinung zustimmen, gezeigte Analysen akzeptieren, Empfehlungen folgen oder ein Produkt bestellen, so ist die Präsentation erfolgreich gewesen. Die ZuhörerInnen sollen zumindest ihr Denken über ein bestimmtes Thema ändern, was wiederum zu einem geänderten Handeln in der Zukunft führen kann. In diesem Sinne kann ein Vortrag auch darauf zielen, bestehende Einstellungen zu verändern oder neue Einsichten zu vermitteln.

Ein häufig geäußertes Präsentationsziel, ZuhörerInnen zu informieren, greift meist zu kurz. Informieren ist ein sehr allgemeiner Begriff, und am Ende einer Präsentation ist damit nicht messbar, ob das Publikum tatsächlich über ein bestimmtes Thema hinreichend informiert wurde. Denn dies ist stark von den Vorkenntnissen und der Interessenslage der ZuhörerInnen, Ihren Fähigkeiten als PräsentatorIn und den vermittelten Inhalten abhängig. Wenn Sie beispielsweise die monatlichen Produktionszahlen präsentieren, so ist der Erfolg dieser Präsentationen gefährdet, wenn nicht herausgearbeitet wurde, inwieweit diese vermittelten Erkenntnisse den Aufgabenbereich der ZuhörerInnen betreffen und die Handlungsfolge nicht erkennbar ist. Ihre Präsentationsziele sollten daher möglichst konkret formuliert und messbar sein. Eine Präsentation ohne klares Ziel kann kein Erfolg werden, weil der Erfolg so nicht messbar ist. Formulieren Sie Ihr Präsentationsziel in einem Aussagesatz. Dieses Ziel kann, muss aber nicht mit ihrer Botschaft deckungsgleich sein.

Zielgruppe

Eine möglichst genaue Kenntnis über die ZuhörerInnen ist ebenso wichtig wie das klare Präsentationsziel. Dabei geht es nicht nur um die Namensliste, um wie viele TeilnehmerInnen es sich handelt und welchen voraussichtlichen Wissens- und Interessenstand sie haben.

Es geht vor allem darum zu wissen, wer im Zuhörerkreis die Entscheider und Entscheidungsbeeinflusser sind, die über ihre Botschaft zu befinden haben. Es scheint zweckmässig zu sein, wenn die vorgetragenen Argumente vor allem unter Berücksichtigung der Entscheiderinteressen präsentiert werden. Sie müssen sich immer vor Augen halten, dass Sie mit Ihrer Päsentation etwas ganz Konkretes bezwecken wollen.

Rahmenbedingungen

Zu den wichtigen Rahmenbedingungen jeder Präsentation gehören die zur Verfügung stehende Zeit, der Veranstaltungsort und die dort bereit stehende Technik und Medien.

Pünktlichkeit ist nicht nur eine Frage der Höflichkeit und Selbstdisziplin, sondern auch ein Zeichen von Professionalität. Wenn es nicht gelingt, die Präsentation im angekündigten Zeitrahmen durchzuführen, wie wird es erst mit den von Ihnen vorgeschlagenen Empfehlungen aussehen? Beginnen Sie deshalb die Präsentation pünktlich und benötigen Sie keine Minute länger als angekündigt.

Es gibt allerdings Unternehmen mit einer schlechten Terminkultur, bei denen viele Präsentationen verspätet beginnen, was für die/den PräsentatorIn besonders dann kritisch ist, wenn selbst die Entscheidungsträger mit deutlicher Verspätung erscheinen. In diesen Fällen ist es oft die beste Lösung, pünktlich zu beginnen und dann, wenn die wichtigen Entscheidungsträger doch noch verspätet eintreffen sollten, den bis dahin erreichten Stand kurz zusammenzufassen.

Auch wenn die meisten Vortragsräume in der Regel alle Voraussetzungen für eine erfolgreiche Präsentation bieten, sollten Sie die Sitzordnung und die benötigten Mittel vorher klar definieren. Im besten Fall überzeugen Sie sich rechtzeitig über das tatsächliche Vorhandensein und die Funktionalität der Technik. Ich persönlich habe mir angewöhnt, meistens mein eigenes Equipment zumindest im Kofferraum meines Autos bereitzuhalten. Diese Maßnahme hat meine Präsentationen schon des öfteren gerettet, denn wenn Medien zur Verfügung stehen, bedeutet es in der Praxis nicht immer, dass diese auch funktionieren.

Bei Flipchartpräsentationen verwende ich in der Regel zwei Flipchartständer. Auf einem befinden sich vorbereitete Charts zur Begrüßung (Thema), Ziel, Agenda, Inhalt und Abschluss. Beachten Sie in diesem Fall, dass sich bei vorbereiteten Flipcharts immer ein Leerblatt zwischen den Flipcharts befindet, damit das darunter liegende Chart nicht erkennbar ist. Dies würde sofort vom Inhalt ablenken, da das Publikum die Frage: „Was verbirgt sich darunter?" für sich beantworten möchte. Den zweiten Flipchartständer benütze ich, um meine Inhalte live mitzuvisualisieren und um Antworten auf Fragen auch visuell unterstützen zu können. Durch diesen Mix erhalte ich eine strukturierte, aktive und abwechslungsreiche Präsentation.

Bei der Verwendung unterschiedlicher Medien, z. B. Medienmix mit Flipchart und PowerPoint, achten Sie auf einen barrierenfreien Medienwechsel. Keine Kabel, Tische oder sonstiges Equipment zwischen den Medien ermöglichen einen stolperfreien Zugang. Zur Erinnerung: Die intensive Verwendung von PowerPoint ist heute eines der größten Hindernisse für erfolgreiche Präsentationen.

Dekoration statt Information, geringe Informationsdichte, fehlende Schaubildaussagen, ungeeignete Textschaubilder und langweilige Auflistungen sind die wichtigsten Negativpunkte von PowerPoint-Slideshows in vielen Unternehmen.

Inhaltliche Vorbereitung

Abhängig von Thema, Ziel, Botschaft und Zielgruppe, erfolgt die inhaltliche Zusammensetzung einer Präsentation in drei Schritten:

1. Stoff sammeln und Wesentliches selektieren. Das Auswählen der für die Präsentation in Frage kommenden Inhalte wird wesentlich durch die Antworten auf die folgenden Fragenstellungen bestimmt:

   ▶ Was ist das **Thema?**
   Es ist wichtig zu wissen, worüber man spricht.

   ▶ Was sind die **Ziele** und was will man erreichen?
   Nicht nur die offiziellen, auch die inoffiziellen Ziele (Was will man für sich selbst erreichen?) sind wesentlich und sollten klar definiert sein.

   ▶ Was ist die **Botschaft,** die man vermitteln will?
   Eine Botschaft ist immer eine Feststellung oder Empfehlung und nicht eine Frage.

   ▶ Was **erwarten** die ZuhörerInnen?
   Die Fragen von ZuhörerInnen sind der Beweis, dass sie an Ihren Ausführungen interessiert sind.

   ▶ Was möchte man **hervorheben?**
   Das, was die ZuhörerInnen zuletzt hören und sehen, wirkt am längsten nach. Dabei ist der letzte Eindruck entscheidend. Ein Appell soll wie eine Handlungsaufforderung sein.

2. Die Komprimierung des Stoffes ist der zweite Schritt in der inhaltlichen Vorbereitung. Dabei erfolgt die Reduzierung der ausgewählten Inhalte auf das Wesentliche mit dem Fokus auf die Zielsetzung und die Zielgruppe.

3. Visualisieren der ausgewählten Inhalte. Eine Gliederung in Haupt- und Unterpunkte ermöglicht die Überschaubarkeit der Präsentationsstruktur und bildet die Basis für die optische Aufbereitung am Flipchart.

PräsentatorInnen mit visuellen Hilfsmitteln wirken überzeugender.

Eine Präsentation besteht aus den drei Teilen: Eröffnung, Hauptteil und Abschluss. Diese drei Teile bedürfen einer separaten Vorbereitung.

Eröffnung

Über die Eröffnung unserer Präsentation denken Sie am besten erst dann nach, wenn der Inhalt Ihrer Präsentation klar und die Präsentationsstruktur ausgearbeitet ist. Unter einer Eröffnung ist nicht nur die Begrüßung und das persönliche Vorstellen zu verstehen, sondern auch die logische Hinführung zur Botschaft. Die Eröffnung soll insbesondere Aufmerksamkeit erregen und den ZuhörerInnen helfen, sich auf Ihre Präsentation zu konzentrieren. Ihre ZuhörerInnen werden nur dann aufmerksam sein, wenn das angekündigte Thema für sie eine gewisse Bedeutung hat und sie deshalb an der versprochenen Kernaussage (Botschaft) interessiert sind. Sie präsentieren in der Regel etwas, was die ZuhörerInnen noch nicht wissen. Deshalb ist die Eröffnung vor allem dafür da, die Kernfrage der Präsentation herauszuarbeiten, und dies erfolgt am einfachsten dadurch, dass Sie auf die Ausgangsituation und die daraus entstandene Entwicklung hinweisen. Daher sind bei der Eröffnung generell die Aspekte Ziel, Bedeutung und Vorschau zu behandeln. Vergessen Sie bei der Eröffnung vor allem eines nicht:

Es gibt keine zweite Chance auf den ersten Eindruck.

Hauptteil

Eine Botschaft kann im Allgemeinen nur dann erfolgreich präsentiert werden, wenn unsere Gedanken, Thesen und Argumente hierarchisch geordnet sind. Unser Verstand legt automatisch eine Ordnung in den von uns aufgenommenen Gedanken an, indem wir versuchen, Oberbegriffe oder Gruppen zu bilden. Die Anzahl von sieben Elementen pro Gruppe sollte man jedenfalls nicht übersteigen. Die meisten Menschen können sich Auflistungen von mehr als sieben Themen, Begriffen oder Gedanken nicht merken. Das bedeutet für Ihre Präsentation, dass nicht mehr als sieben Gedanken auf einer Hierarchieebene stehen sollten.

Wichtig ist auch, dass Ihre Argumentation logisch aufgebaut und für das Publikum nachvollziehbar ist. Überlegen Sie, wie Sie die bei der Eröffnung erreichte Aufmerksamkeit und Konzentration aufrechterhalten können. Dabei bieten sich an:
- Dramaturgie festlegen
- Fragen stellen
- live und wirkungsvoll visualisieren
- Inhalt in Blöcke fassen und gliedern
- Medienmix

Am Ende des Hauptteils geben Sie eine kurze Zusammenfassung der wesentlichen Inhalte, indem Sie

- entsprechende Flipcharts vorab vollständig visualisieren,
- teilweise vorbereitete Flipcharts während Ihrer Präsentation ergänzen
- oder Visualisierungen während der Präsentation komplett erstellen.

Abschluss

Der erste Eindruck ist entscheidend, der letzte Eindruck bleibt. Daher ist der Präsentationsabschluss ein wichtiger Bestandteil der gesamten Präsentation. Ist das Ziel beispielsweise, die ZuhörerInnen zu einem konkreten Tun zu veranlassen, so ist an dieser Stelle ein deutlicher Appell angebracht. Auch wenn manche der Meinung sind, man braucht sich beim Publikum nicht zu bedanken, da die Leistung und Informationserbringung von der Präsentatorin/vom Präsentator erbracht wurde und nicht von den ZuhörerInnen, ist das Bedanken für mich ein Akt der Wertschätzung und daher unabdingbar. Auf alle Fälle bedankt man sich für die Aufmerksamkeit und steht gegebenenfalls für Fragen zur Verfügung.

Durchführung einer Flipchartpräsentation

Sie haben visualisiert, wirkungsvolle Flipcharts für Ihre Präsentation erstellt und eine Menge Arbeit in die Vorbereitung investiert. Dann sollten Sie sich vor Beginn nur noch an die kritischen fünf Schritte bei Flipchartpräsentationen nach Dr. Emil Hierhold „Sicher präsentieren – wirksam vortragen" erinnern.

- **Bild ankündigen** – Stimmen Sie Ihre ZuhörerInnen auf das ein, was kommen wird, ohne die Information vorwegzunehmen. „Die folgende Darstellung zeigt Ihnen die derzeitige Situation!"
- **Bild zeigen** – Lassen Sie das Flipchart wirken und machen Sie eine kurze Sprechpause von ein oder zwei Sekunden. Der Wahrnehmungsprozess würde durch zusätzliche Worte nur gestört werden. Außerdem haben Ihre Worte gegenüber einem neuen Bild keine Chance.
- **Bild erklären** – Führen Sie die Blicke der ZuhörerInnen durch alle visuellen Elemente Ihres Flipcharts. Durch die Touch-Turn-Talk-Technik lenken Sie die Aufmerksamkeit voll auf Ihr Flipchart, während Sie die einzelnen Elemente in Kurzform präsentieren.

Touch: Mit Ihrer Hand berühren Sie, ohne zu sprechen, das Element, das Sie erklären wollen.

Turn: Ihre Hand verweilt auf dem Punkt, während Sie sich zum Publikum drehen.

Talk: Jetzt nehmen Sie Blickkontakt zum Publikum auf und beginnen zu sprechen.

Die Hand sollte dabei geschlossen sein (Finger zu einem Pfeil formen) und die Handfläche zum Flipchart zeigen. Verwenden Sie keinen Zeigestab oder Kugelschreiber, da diese generell zu klein für das großformatige Flipchart sind. Für den beschriebenen Touch-Turn-Talk-Vorgang benötigen Sie nicht mehr als eine halbe Sekunde.

■ **Bild interpretieren** – Die Bedeutung oder Tragweite der Darstellung wird letztendlich jetzt präsentiert. Durch den vorhergehenden Schritt der Klärung sind die ZuhörerInnen in der Lage, das zu erfassen, was Sie meinen und für richtig halten. Dies kann durch Erklärung, Setzen von Zusammenhängen, Aufzeigen von Bezügen usw. stattfinden.

■ **Zusammenfassen** – Der letzte Schritt gilt der zentralen Bedeutung des Gesagten und Gezeigten. Deklarieren Sie Ihre Botschaft eindrucksvoll, indem Sie Ihre Aussage visuell unterstützen. „Wir sehen daher, dass es sich bezahlt gemacht hat, in die neue Produktserie zu investieren!"

■ **Überleitung** – Ist gleichzeitig der Schritt „Bild ankündigen". Sie wissen, im Gegensatz zu den ZuhörerInnen, was Sie als Nächstes zu sagen haben und lassen sich deshalb nicht von der nächsten Visualisierung überraschen. Wenn Sie den Eindruck erwecken, dass Sie die Flipcharts nicht bewusst nutzen, um Gedanken zu vermitteln, sondern sich im Gegensatz dazu von den einzelnen Darstellungen leiten lassen, kann kein Spannungsbogen entstehen und die Präsentation wird eine Sequenz von gezeigten Visualisierungen. Somit gilt: „Je einsichtiger und verständlicher Ihre Überleitungen sind, desto leichter wird Ihnen das Publikum folgen können."

Der gelungene Präsentationseinstieg

Jetzt kommt es darauf an, Ihre Vorbereitung bestmöglich umzusetzen. Der Präsentationserfolg hängt ganz entscheidend von Ihnen ab. Beginnen Sie Ihre Präsentation erst dann, wenn Ihre Bühne fertig gestaltet ist. D. h. Sie und Ihre Flipcharts, ebenso Ihre funktionsfähigen Flipchartstifte und Wachsmalblöcke sind am richtigen Platz und müssen nicht während der Präsentation gesucht werden. Besetzen auch Sie die zentrale Position. Arbeiten Sie nur mit einem Flipchart, so empfiehlt sich die Position links vom Flipchart (aus der Publikumsperspektive), um auf Texte gemäß der natürlichen Leserichtung am Zeilenanfang hinzuweisen. Benützen Sie dazu Ihre linke Hand.

Arbeiten Sie hingegen mit zwei Flipcharts, ist die Beginnposition zentral zwischen den Charts. Ich empfehle dabei den Flipchartständer mit den vorbereiteten Darstellungen links und den Flipchartständer zum live Mitvisualisieren rechts zu positionieren. Wechseln Sie den Standpunkt je nach Einsatz, ohne dem Publikum den Rücken zu zeigen.

Set your stage!

Gerade die Präsentationseröffnung erweist sich in der Praxis als wesentlicher Bestandteil des Erfolgs. Neben dem professionellen Auftreten, gepflegtem Aussehen, einer angepassten Sprache und Artikulation bis hin zum überlegten Medieneinsatz sollen vor allem die Persönlichkeitsfaktoren Authentizität und Empathie für das Publikum spürbar werden.

Dabei unterstützt Sie bereits die erste Darstellung. Diese gibt dem Publikum die erste Möglichkeit, Einblick in das Thema, Ziele und Inhalte zu erhalten und gibt auch Auskunft über Ihre Präsentationsvorbereitung. Die erste Frage, welche Sie zu beantworten haben, ist: „Worum geht es in dieser Präsentation?" Benützen Sie die vorbereitete Darstellung, um eine Antwort zu geben. Grundsätzlich gilt, dass ein gezeichnetes Flipchart nie unkommentiert im Raum stehen sollte. Die Ursache für eine zu beobachtende Konkurrenzsituation zwischen PräsentatorIn und Flipchart ist meist jene, dass die Flipcharts von jemand anderen erstellt wurden. Wichtig ist auch, dass jede dargestellte Information am Flipchart erwähnt wird.

Eine Visualisierung, die nicht erklärt wird, ist überflüssig. Das Publikum ist in solch einer Situation gedanklich damit beschäftigt, das Rätsel: „Wofür steht dieses Wort oder Symbol?" zu lösen und wird während dieser Zeit Ihren sprachlichen Ausführungen nicht folgen. Interpretieren Sie auch nicht die geschriebenen Informationen, sondern lesen Sie diese wortgetreu ab. Führen Sie dabei mit der Touch-Turn-Talk-Technik die Blicke der ZuhörerInnen, denn Menschen müssen intuitiv einer Bewegung mit den Augen folgen.

Daher nützen Sie diesen Umstand aus, um mit gezielten Handbewegungen die Aufmerksamkeit zu steuern. Erwähnenswert ist ebenfalls die Tatsache, dass nicht alles am Flipchart stehen muss. Erstens handelt es sich nicht um eine Lesestunde, zweitens sollten Sie als PräsentatorIn auch inhaltlich etwas hinzuzufügen haben. Somit lautet ein weiterer Merksatz:

Steht alles auf dem Flipchart, sind Sie als PräsentatorIn überflüssig!

Hauptteil einer Präsentation

Bei allen Vorteilen einer Visualisierung sollten Sie dennoch bedenken, dass Ihre eigenen Darstellungen Sie selbst in den Schatten stellen. Denn Bilder sind immer stärker als die Sprache! Wenn man sich dessen im Klaren ist und sich selbst und die eigenen Flipcharts als Einheit präsentiert, begeistern Sie Ihre ZuhörerInnen durch eine abwechslungsreiche Präsentationsdurchführung.

Bilden Sie gemeinsam mit dem Flipchart eine visuelle Einheit!

Um den Wechsel reibungslos zu gestalten, einige Tipps dazu:

- Führen Sie mit Ihrem Körper und nicht mit Instrumenten.
- Um die Aufmerksamkeit auf Sie zu lenken, investieren Sie in Ihre Gestik und gehen Sie zwei Schritte Richtung Publikum.
- Verstellen Sie nicht den Blick auf Ihr Flipchart.
- Jedes Bild benötigt eine Erklärung, denn für das Publikum ist alles neu.
- Live visualisieren oder vorhandene Darstellungen ergänzen erhöht die Aufmerksamkeit.
- Spielen Sie nicht mit den Flipchartstiften.
- Ihre Visualisierungen sind der größte Notizblock. Sprechen Sie daher frei!
- Variieren Sie Lautstärke, Sprechtempo und Stimmlage.
- Ein gezielter Pauseneinsatz erhöht die Spannung.
- Gliedern Sie Ihre Präsentation durch Fragen.
- Die Botschaft einer Präsentation verkündet nicht ein Bild, sondern Sie selbst.
- Verwenden Sie auch am Flipchart Moderationskarten. Der bereits erwähnte Klebestick-Trick hilft Ihnen dabei.

 Im Falle, dass die Oberblende des Flipchartständers dem Gewicht der umgeblätterten Charts nicht standhält (kommt bei Billigprodukten oder alten Ständern vor) und die Gefahr besteht, dass die Flipcharts auf den Boden fallen, befestigen Sie diese vor Beginn der Präsentation mit einem Tesastreifen.

Praxisbeispiel Pyramide

Das folgende Beispiel einer gelungenen Geschäftspräsentation zeigt den wirkungsvollen Einsatz einer Pyramidenform. Die Pyramide bietet eine Reihe von Vorteilen gegenüber der üblichen Argumentation im Sinne des rhetorischen Fünfsatzes, bei dem oft erst am Ende der Präsentation Schlussfolgerungen gezogen werden.

Die Botschaft erfolgt bei der Pyramidenform gleich zu Beginn, denn es ist für entscheidungsbefugte Personen wichtig zu wissen, ob sie der Präsentation bis zum Ende zuhören sollen. Nur dann, wenn nach wenigen Minuten verstanden wird, worauf man hinaus will, wird einem die volle Aufmerksamkeit geschenkt.

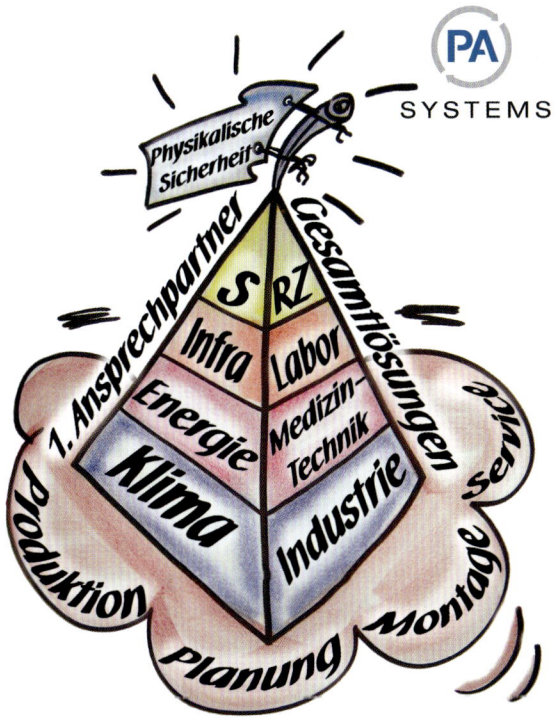

Die Pyramide schafft überdies den Überblick über eine zentrale Aussage, und ermöglicht die Einordnung aller Gedanken in einen klaren Zusammenhang. Die Pyramide sichert darüber hinaus eine überzeugende Argumentation und macht es möglich, dass Monatsberichte, Firmenpräsentationen und Projektberichte auch bei unterschiedlichen PräsentatorInnen mit übereinstimmendem Inhalt vermittelt werden.

Die Pyramide einer klar gegliederten Firmenpräsentation stellt die Beantwortung einer Frage in den Mittelpunkt.

Präsentationsabschluss

Der letzte Eindruck bleibt. Unter dieser Prämisse sollte Ihr Präsentationsabschluss gestaltet sein. Es ist die letzte Gelegenheit, die wichtigsten Punkte nochmals in Erinnerung zu rufen, Empfehlungen auszusprechen oder Maßnahmen klar zu formulieren. Das geschieht, indem die Aufmerksamkeitskurve im Publikum einen weiteren Höhepunkt erreicht hat. Um dies zu erreichen, ist es notwendig, den Schluss anzukündigen: „Abschließend fasse ich die wesentlichen Ergebnisse unserer Untersuchung zusammen." Mit dieser oder einer ähnlichen Einleitung beginnt die Finalphase, deren Dauer mit ca. 2 Minuten begrenzt ist.

Dieser Schritt erfolgt am besten mit einer Visualisierung, indem mit bereits verwendeten Symbolen eine Zusammenfassung erfolgt. Auf keinen Fall aber sollten Sie neue Argumente oder Informationen vorbringen. Dazu ist es, schlicht gesagt, zu spät. Wenn es darum geht, Handlungsaufforderungen zu positionieren, ist ein visuelles Hilfsmittel fehl am Platz. In solch einer Situation kommt es allein auf Ihre Person und Ihren Appell an. Stellen Sie unmissverständlich klar, welche Schritte zu setzen sind oder welche Entscheidung zu treffen ist. Verzichten Sie auf sämtliche Formen von Soft-Argumenten, wie beispielsweise „Man könnte ...", „Man sollte ...", „Man bräuchte ...".

Schließen Sie Ihre Präsentation formal ab. Ein Dank an das Publikum ist aus meiner Sicht angebracht.

Sagen Sie aber auch dazu, wofür Sie sich bedanken. Ein „Danke Ihnen" ist zuwenig, ein „Ich bin am Ende" unpassend und auch ein „Danke für Ihre Geduld" schmälert Ihr Auftreten.

Hingegen ein Danke für konstruktive Beiträge, für das Engagement in der Erarbeitung einer Lösung usw. kommt wertschätzend beim Publikum an.

Visuelle Moderation

Der Begriff „Visuelle Moderation" wurde vom amerikanischen Ausdruck „Graphic Facilitation" übernommen. Eine der schillerndsten Personen rund um dieses Thema ist David Sibbet mit seinem Unternehmen Grove Consultants International in San Francisco. Er ist die Leitfigur von der in den Sechzigerjahren gegründeten Methode. Seine grafischen Bildlandkarten und zahlreichen Veröffentlichungen waren auch für mich großartige Impulsgeber für neue Visualisierungsideen. Mittlerweile hat sich rund um seine Person und das Thema Graphic Facilitation ein internationales Netzwerk, nämlich die International Association of Facilitators (IAF), gebildet.

Die Moderationsmethode selbst dient der gemeinsamen Arbeit in Gruppen und hat unter anderem die Beteiligung und Mitarbeit aller Gruppenmitglieder zum Ziel. Das Beherrschen von Moderationsmethoden gehört heute zum Standardrepertoire jeder Führungskraft und wird vorwiegend in Besprechungen, in der Organisationsentwicklung, bei Meetings und im Projektmanagement eingesetzt. Eine Moderation zielt darauf ab, die Kreativität der Teilnehmer zu fördern, ihre Ideen dem jeweiligen Kreis zugänglich zu machen und schließlich zu Ergebnissen und Entscheidungen zu gelangen, die von der Gruppe mitgetragen und mitunterstützt werden. Dabei ist es entscheidend, die TeilnehmerInnen zu beteiligen, ihnen Raum für die Artikulation ihrer Meinungen, Ideen, Vorbehalte zu schaffen und die unterschiedlichen Perspektiven der Beteiligten zu würdigen. Alle Moderationsmethoden und -techniken basieren auf dieser Grundidee. Dabei sind für das Ergebnis und den Verlauf die diskutierten Inhalte bedeutsam, aber entscheidend für das Gelingen sind die Atmosphäre, die Rollen in der Gruppe, die Offenheit und der Umgang mit abweichenden Meinungen. Unabhängig davon, ob nun die klassische Moderationsmethode oder die visuelle Moderationsmethode eingesetzt wird, die Zielsetzung bleibt dieselbe.

Moderieren bedeutet nicht, die Inhalte zu lösen, sondern den Prozess zu fördern.

Bei einer visuellen Moderation wird spontan visualisiert und/oder mit vorbereiteten Vorlagen gearbeitet. Solche grafischen Vorlagen lassen sich meist in nur kurzer Zeit selbst erstellen und dienen als Grobstruktur für die durchzuführende Moderation. Die Themenbereiche, in denen eine visuelle Moderation sinnvoll angewendet werden kann, sind weitgehend uneingeschränkt. So lassen sich beispielsweise für Team- oder Personalentwicklung, Ideenentwicklung, Strategiefestlegung bis hin zu gezielten Entscheidungsfindungen visualisierte Metaphern entwickeln. Umgesetzte Beispiele gibt es in weiterer Folge genügend.
Zunächst allerdings scheint es mir noch wichtig, auf Möglichkeiten zum Abbau von Denk- und Handlungsblockaden in der Rolle als ModeratorIn hinzuweisen.

Visualisierungskompetenz steigern

Die Kommunikationsinhalte in Besprechungen und Moderationen live mitzuvisualisieren, erfordert hohe Konzentration und Aufmerksamkeit. Unabhängiges und unvoreingenommenes Beobachten ist ein entscheidender Faktor für die Effizienz des eigenen Arbeitens. Wie schwierig eine solche Aufgabe sein kann, bemerkt man am besten dann, wenn Sie während einer Unterhaltung mit einem anderen Menschen gelegentlich in sich hineinhören. Dabei kommt es nicht selten vor, dass innere Kommentare und Gefühle einen oft davon abhalten, sich völlig dem Gesprächspartner zu widmen.

Ist es nicht oft so, dass man der eigenen Ansicht nach schon weiß, was die Gesprächspartnerin bzw. der Gesprächspartner sagen will, und deshalb nicht mehr so richtig hinhört? Die Kommunikationsweisheit: „Man hört nur das, was man hören will!" weist uns auch bei der Visualisierung auf den Gefahrenhinweis hin, nicht nur das zu verstehen, was man gerne zeichnen möchte oder kann. Vertrauen Sie darauf, alle Gesprächsinhalte visualisieren zu können. Falls wirklich einmal kein passendes Symbol zur Stelle ist, dann gilt: „Aufschreiben können Sie es immer noch."

Jemand anderem zuzuhören unterscheidet sich von der Konzentration her nicht sonderlich davon, eine lustig aussehende Cartoonfigur zu zeichnen. Hier lautet der innere Dialog beispielsweise – fertig!" Wobei eine innere Gegenstimme meint: „Ich wusste ja schon immer, dass ich nicht so gut zeichnen kann. Andere zeichnen viel besser!" Um Gesprächsinhalte rasch visualisieren zu können, benötigen Sie eine hohe Aufmerksamkeit. Der Weg dorthin erfordert Vertrauen in sein persönliches Zeichenpotential und Abstand zu gedanklichen Störungen, welche aufgrund von bisher gemachten Referenzerfahrungen entstanden sind.

Eine von innen gerichtete Aufmerksamkeit auf ein geführtes Gespräch und die darauf folgende Visualisierung lenkt Sie ab von Ihrer inneren kritischen Gegenstimme. Diese Aussage lässt sich in eine Erfolgsformel verpacken:

Erfolg = Potential – Störungen

Der Begriff Potential beinhaltet vorhandene Fähigkeiten, Fertigkeiten, Talente, Erfahrung, Persönlichkeitsstruktur, … allesamt positive und förderliche Eigenschaften. Störungen hingegen verringern einen Erfolg. Solche Faktoren sind Angst, Furcht vor Misserfolg, Unsicherheiten, negative Erfahrungen, fehlendes Selbstbewusstsein, Trägheit … Um es plakativer zu gestalten, personifizieren wir diese Begriffe und bezeichnen das Potential eines Menschen als ICH und geben den blockierenden Störungen den Namen Checky. Dieser Checky kontrolliert und prüft ständig Ihre Gedanken und Vorhaben. Somit sind immer zwei gedankliche Faktoren präsent. Das bedeutet allerdings auch, dass Sie Ihren Checky nie ausschalten können.

Erfolg = ICH – Checky

Die beiden Faktoren können nun skaliert werden. So zum Beispiel wäre ein ICH-Wert von 10 das höchste Potential, der Wert 1 hingegen repräsentiert ein extrem niedriges Potential. Stellen sie sich nun vor, ein Moderator hätte ein persönliches Potential von 10 und aufgrund seiner bisher gemachten Erfahrungen einen Checky-Wert von 6. Somit ist sein Erfolgswert auf unserer Skala 4. Kommt jetzt ein anderer Moderator ins Spiel mit einem Potential von 8 und einem Checky von 2, ist dessen Erfolgswert 6. Somit zeigt sich, dass Menschen, die mit einem guten Fundament an persönlichem Potential ausgestattet sind, aufgrund negativer Erfahrungen und vorhandener Barrieren oft weniger erfolgreich sind als andere.

Was würde eigentlich in der Kommunikation passieren, wenn man den Kontrollmechanismus Checky aufgäbe und sich ganz auf den Gesprächspartner konzentrierte? Muss man wirklich die Kommentare vorwegnehmen oder eigene Antworten geben, während der andere noch spricht? Ist man hingegen bereit, aufmerksamer zuzuhören, merkt das auch die andere Person. Sie wird aufmerksamer sprechen, konzentrierter sein und hört auch Ihnen aufmerksamer zu. Somit verbessert sich die Kommunikation insgesamt.

Diese Feststellung bringt uns auch in der visuelle Kommunikation einen wichtigen Schritt weiter. Um den Erfolg steigern zu können, sind folgende Tipps hilfreich!

Einfache Aufgaben für innere Blockaden

- **Wichtig ist die Konzentration** auf die entscheidenden Gesprächsinhalte und Faktoren. Zu erkennen, was wesentliche Schlüsselwörter, Begriffe, Zusammenhänge usw. sind, ist einer der Kernpunkte in der Visualisierung von Gesprächsinhalten. Wenn Sie sich einmal nicht ganz sicher sind, dann fragen Sie einfach nach. Vor allem bei Vielrednern besteht die Gefahr, nicht mehr erkennen zu können, was denn die eigentliche Kernaussage sein soll. In solchen Fällen wählen Sie Fragestellungen, wie zum Beispiel: „Zusammengefasst bedeutet das was?" oder „Wie lautet Ihre Kernaussage?".

- **Offenheit ist entscheidend,** um auf Gesprächsinhalte und Gefühle besser achten zu können. Häufig sagen Menschen nicht, was sie wirklich meinen. Durch die grafische Darstellung lassen sich vorhandene Emotionen visualisieren und tragen somit bei, das Gesamtbild nicht verfälscht darzustellen.

■ Richten Sie Ihre **Aufmerksamkeit auf das Interesse der GesprächsteilnehmerInnen.** Erstaunlich, wie sich die Art und Weise des Sprechens ändert, wenn jemandem Aufmerksamkeit geschenkt wird. Widmet sich eine Person einer anderen vollständig, dann ist diese Aufmerksamkeit ansteckend und wirkt sich auch auf alle anderen KommunikationspartnerInnen aus. Dabei ist es auch leichter möglich, vorhandene Interessen und persönliche Haltungen hinter artikulierten Positionen erkennen zu können. Gerade bei Konfliktmoderationen und Entscheidungssitzungen ist das eine bedeutende Moderationsherausforderung.

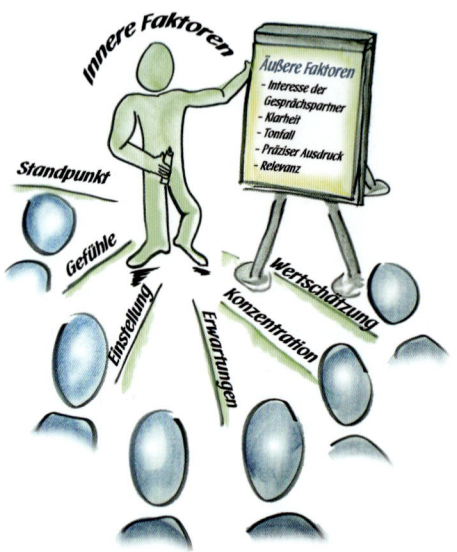

Sind solche grundlegenden Faktoren unerfüllt, ist es für Checky ein Leichtes, Konzentriertheit und Aufmerksamkeit zu verhindern. Bestes Beispiel dafür ist, wenn man sich beim Lernen auf seinen Lernstoff konzentrieren muss. Erinnern Sie sich, wie leicht man dabei abzulenken war? Hingegen lernen Sie aus Freude und Interesse die gegebenen Inhalte, ist Konzentriertheit ein Kinderspiel und der Lernerfolg sehr hoch.

Konzentriertheit steigern

Achten Sie mal darauf, wohin Sie täglich ihre Aufmerksamkeit lenken. Lassen Sie drei Menschen aus dem Fenster blicken und fragen Sie nach deren Beobachtungen. Hunderte Szenarien sind die Folge. Genauso vielseitig sind Beobachtungen, Betrachtungen und Interpretationen bei Besprechungen. Jede und jeder nimmt anders wahr und selektiert anders. Um volle Konzentriertheit zu erreichen, bedarf es der Berücksichtigung folgender drei Punkte:

1. Die Aufmerksamkeit muss auf etwas gerichtet sein, das Sie unmittelbar beobachten können (z. B. die Körpersprache eines Gesprächsteilnehmers).

2. Das, worauf Ihr Augenmerk gerichtet ist, muss für Sie von Interesse sein. Im Gesprächsverlauf auf Gefühlsnuancen und die Absicht, die mit dem Gespräch verfolgt wird, zu achten, ist faszinierender, als nur den Gesprächsinhalt zu verfolgen. Denn eine Stimme vermittelt mehr als nur Sachinformationen.

3. Der Faktor muß relevant für die bestehende Aufgabe sein. Von allen relevanten Faktoren wiederum können einer oder mehrere Ihre Aufmerksamkeit stärker beanspruchen. Entweder, weil Sie diese häufig ignorieren oder weil sie besonders bedeutsam sind.

Leistungssteigerung durch Lernen und Freude

In der Moderationsarbeit eine gute Leistung zu erbringen, ist nicht nur das Bestreben jedes/r Moderators/in, sondern in erster Linie die Anforderung des/r Auftraggebers/in. Exzellente Leistungen ergeben sich vor allem dann, wenn das Tun aus innerem Interesse geleistet wird. Oft empfindet man dabei auch Freude an der Arbeit. Interesse und Freude sind also zwei Garanten für gute visuelle Moderationen, da dadurch das innere Potential des/r Moderator/in freigelegt wird. Ist das Ziel der Arbeit allein mit Leistung verbunden, ist dieser Anspruch in der Regel allein mit Checky verknüpft. Erfolg – Versagen, Kompetenz – Inkompetenz, gut –

schlecht, all das sind die dabei empfangenen Urteile. Der Ansatz des inneren Interesses, der verknüpft ist mit der Bereitschaft, ständig dazulernen zu wollen und der Freude an der visuellen Moderationsarbeit hat immer gute Leistungen zur Folge. Die ausschließliche Betonung der Leistungserbringung führt in der visuellen Moderation zu nichts. Die Triade „Leistung – Lernen – Freude" ist eine Verknüpfung von Leistungs- und Lernansprüchen. Persönliche Lernziele bei visuellen Moderationen können sein:

- Angst vor schlechten Visualisierungen abbauen
- Die Zeichengeschwindigkeit verdoppeln
- Zusammenhänge besser verstehen lernen
- Stress reduzieren
- Besser zuzuhören
- Das visuelle Vokabular verdoppeln

Verbinden Sie Ihre persönlichen Lernziele mit den gesetzten Leistungszielen und steigern Sie damit nicht nur die Freude an der Arbeit, sondern den Erfolg insgesamt. Die wertenden Einflüsse von Checky werden damit ebenfalls reduziert und die Konzentration während der Moderation wird vollständig vorhanden sein. Nützen Sie auch die Möglichkeiten der Reflektion und Rückschau über Ihre geleistete Arbeit. Dadurch wird die erreichte Leistungssteigerung verinnerlicht und weitere Ansatzpunkte, sich zu verbessern, werden gefunden oder bestätigt. Wenn Ihre Fähigkeiten wachsen, können Sie bei der nächsten Moderationsaufgabe noch mehr einbringen und mit Ihren visuellen Moderationen auch potentiell mehr Geld verdienen.

Ablauf der visuellen Moderation

Der direkte Vergleich zwischen klassischer und visueller Moderation zeigt uns, dass, wie bereits erwähnt, die Grundphilosophie beider Methoden vergleichbar ist. Von der technischen Seite her sind allerdings Unterschiede erkennbar.

Bei der visuellen Moderation gehören neben Flipcharts und Pinnwänden auch lange Flipchart-papierrollen mit visuellen Methaphern in Form von vorbereiteten Bildvorlagen oder direkt erstellten Visualisierungen zur Standardausstattung. Einer der renommiertesten Hersteller für erweiterbare Pinnwände ist die Fa. Neuland, welche gerade im Bereich Graphic Facilitation einen seiner Produktschwerpunkte gesetzt hat.

Die visuelle Moderation unterstützt also mit Hilfe von vielen grafischen Elementen in erster Linie eine bessere Verständlichkeit von Inhalten (Bilder können vom Gehirn schneller verarbeitet werden als Wörter), baut Barrieren im Zugang zu emotionalen Themen ab und zeichnet sich auch durch eine internationale Verständlichkeit aus, indem sprachliche Barrieren durch eine Bildersprache überbrückt werden. Gerade dieser Umstand ist in der heutigen multikulturellen Welt von Geschäftsbeziehungen verstärkt zu beachten. Visuelle Moderation führt verstärkt dazu, dass die teilnehmenden Personen ein Bild von einer Situation bekommen, welches je nach Thema auch Gefühle zum Ausdruck bringt und gegebenenfalls einen Blick ins Innere erlaubt. Als wesentliche Kennzeichen der visuellen Moderation lässt sich demnach festhalten, dass

- Ideen und Gedanken einer Gruppe grafisch festgehalten werden,
- dazu ein Vokabular von graphischen Symbolen verwendet wird,
- eine bildhafte Kommunikation stattfindet,
- die Verständlichkeit von Inhalten dadurch sehr gefördert wird,
- visualisierte Metaphern den Prozess klarer darstellen und prägnanter gestalten,
- durch Visualisierungen die Neugiermotivation von Menschen stark aktiviert wird,
- eine engagierte Arbeitsatmosphäre herrscht,

- der Behaltenswert von Informationen ungleich höher ist,
- die Attraktivität solcher Veranstaltungen viel höher ist
- und die Dokumentation eine inhaltliche Rekonstruktion von Diskussionen und Standpunkten erlaubt.

Durch die visuelle Wegführung in Besprechungen, Workshops, Projektpräsentationen oder bei Großgruppenveranstaltungen ist zusätzlich der Gesamtüberblick gewährleistet und Vernetzungen werden erkennbarer. Die visuelle Moderation wird als besonders hilfreich gesehen, wenn innerhalb einer Gruppe Konflikte bestehen, unterschiedliche Interessen vorhanden sind, ein differenziertes Wissensniveau herrscht oder das zu behandelnde Thema umfangreich und komplex ist. Zusammengefasst lassen sich folgende Einsatzbereiche empfehlen:

- Teambildung, Teamprozesse, Team-Refreshing
- Trainings, Seminare, Weiterbildungsveranstaltungen
- Konfliktmanagement
- Projekt- und Prozessmanagement
- Qualitätsmanagement
- Kontinuierliche Verbesserungsprozesse
- Zielfindungsprozesse
- Strategieentwicklung
- Produktentwicklung
- Marketing
- Besprechungen, Präsentationen usw.

Die Basis jeglicher Gruppensteuerung ist ein strukturiertes Vorgehen. Die/der ModeratorIn kann sich hierzu am klassischen Moderationszyklus als Grobstruktur orientieren, wobei auf den Themenkontext dieses Buches bezogen die in der Moderation üblicherweise verwendeten Darstellungen unserer Bildersprache gegenübergestellt werden. Sie selbst können dadurch die gesteigerte Wirkung und Ausdrucksweise einer visuellen Moderation beurteilen.

Moderationskreislauf

Der klassische Moderationskreislauf gliedert sich in sechs Phasen. Vorgelagert ist eine gründliche Vorbereitung mit einem klar definierten Moderationsauftrag. Das zu erstellende Moderationsdesign spiegelt neben einer inhaltlichen, methodischen, organisatorischen Vorbereitung auch die persönliche Auseinandersetzung mit dem Moderationsauftrag wider. Als zentrale Technik gilt neben der Fragetechnik die Visualisierung, und gerade diese ist in vielen Fällen zu einer Optimierung imstande.

Moderationseinstieg

Der erste Schritt in die Moderation betrifft den erfolgreichen Einstieg. Dazu gibt es naturgemäß noch weitere Unterpunkte zu berücksichtigen.

- Begrüßung
- Schaffung eines positiven Arbeitsklimas
- Anlass der Zusammenkunft
- Thema der Moderation
- angestrebte(s) Ziel(e)
- Zeitplan
- Klärung unterschiedlicher Rollen
- ggf. Regeln
- kennenlernen
- Erwartungen klären
- ggf. Klärung der Protokollfrage

Wie ich bereits als Moderationsteilnehmer des Öfteren erleben durfte, wurden diese wesentlichen Punkte nur sprachlich formuliert und ohne eine unterstützende Visualisierung festgehalten. In vielen anderen Fällen gab es, und dies ordne ich einem guten Moderations-standard zu, ein Begrüßungsflip, eine geschriebene Zielformulierung, eine festgelegte Agenda sowie eine schriftliche Erwartungsabfrage zu sehen. Nachgebildet sieht das folgendermaßen aus:

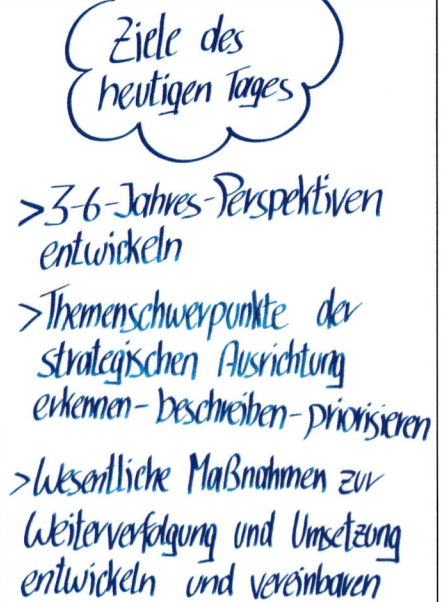

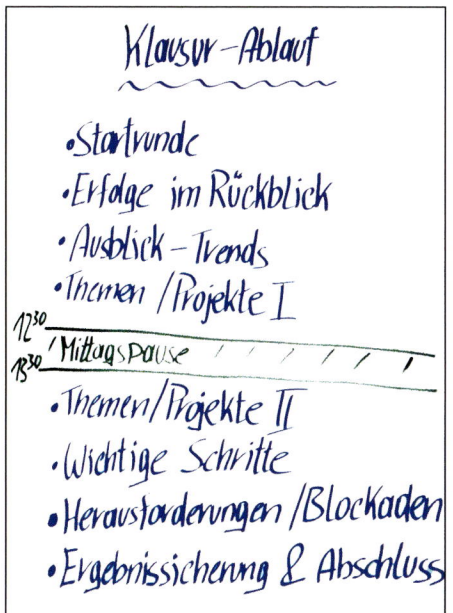

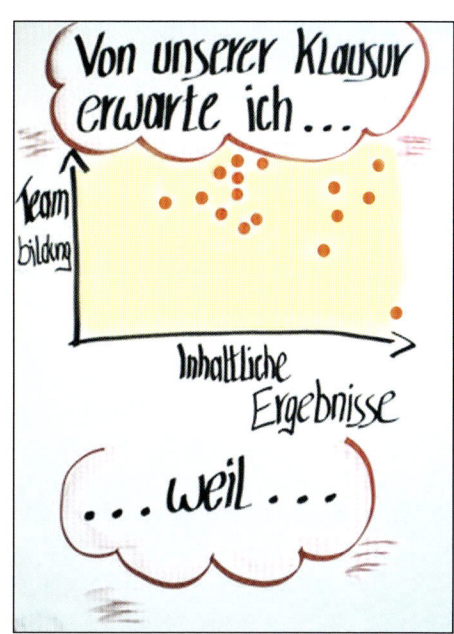

Die Verwendung der bereits erlernten visuellen Vokabeln gestattet es uns, bereits in der ersten Moderationsphase eine Beginnsituation zu schaffen, welche TeilnehmerInnen als motivierend erleben. Ehrlich gesagt ist die Teilnahme an einer Moderation für manche oft mehr eine dienstliche Verpflichtung als eine freiwillige Maßnahme. Beginnt nun die Veranstaltung, wie der dargestellte Moderationseinstieg zeigt, wie gewohnt, trägt dies nicht wesentlich zur Begeisterung im Sinne einer Aktivierung bei. Gerade moderationserfahrene Menschen wünschen sich oft Alternativen, um möglichst rasch eine effiziente Arbeitsatmosphäre zu schaffen und in der vorgegebenen Zeit auch die definierten Ziele zu erreichen.

Betrachten Sie nun dieses Begrüßungsflip, welches den TeilnehmerInnen einen unmittelbaren Bezug zum Auftraggeber in Form einfacher Grafiken assoziiert. Die Gebäudeform und -farben stimmen mit den tatsächlichen Gegebenheiten überein. Die Abteilungskurzbezeichnung wurde ebenfalls integriert und die gewünschte Form der Zusammenarbeit zeichnerisch ausgedrückt. Durch dieses Bild wird eine auftragsbezogene Vorbereitung vermittelt und, was noch wichtiger erscheint, ein wertschätzender Ausdruck vermittelt. Resultat: eine hohe Aufmerksamkeit bereits am Beginn der Moderation.

Ziele, Agenda, Rollen und Regeln werden in der visuellen Moderation mit Unterstützung durch visualiserte Methaphern präsentiert. Eine sehr wirkungsvolle Darstellung wird erreicht, indem in ein Landschaftsbild bezeichnende Symbole für die einzelnen Thembereiche integriert werden. Übrigens, dabei lässt sich auch der geplante Methodeneinsatz zeichnerisch berücksichtigen. Um diesen konzeptionellen Ansatz besser zu verdeutlichen, zeige ich Ihnen nun unterschiedliche Anwendungsbeispiele. Ich möchte damit ebenfalls bewusst machen, dass eine auftrags- und situationsspezifische Visualisierung naturgemäß die größte Wirkung erzeugt.

Die folgende Methapher bezieht sich auf ein Gedankenbild, wo Menschen gemeinsam ein Stück eines Weges gehen, um sowohl persönliche als auch gemeinsame Ziele zu erreichen. Den Ausblick auf das zu erreichende Ziel bzw. die zu erreichenden Ziele symbolisiert die Aura am Horizont. Wichtig dabei, dass dafür der rechte obere Blattrand verwendet wird. Dieser Bereich wird in der Flipcharttechnik als Hoffnungs- oder Zukunftswinkel bezeichnet. Von der psychologischen Seite wird das vor allem durch die Augenmuster (rechts oben ist der visuell konstruierende Bereich) eines Menschen erklärt und bestätigt. Der Weg selbst symbolisiert die Moderationsdauer und den Ablauf. Um eine entsprechende Planung zu vermitteln, steht am Anfang des Weges ein Feld für die Agenda zur Verfügung. Die Notendigkeit einer Rollenklärung wird mit den Figuren dargestellt. Ein weiterer Bereich des Flipcharts, symbolisiert durch einen Spiel- oder Verhandlungstisch, steht für notwendige Spielregeln zur Verfügung. Die im Hintergrund gezeichneten Berge lassen sich ohne weiteres für vorhandene Begrenzungen, Herausforderungen oder Hindernisse verwenden. ModeratorInnen setzen mit solchen Darstellungen einen inhaltlichen und organisatorischen Rahmen und geben mit den einzelnen Symboliken

einen Anstoß. Die Antworten der TeilnehmerInnen auf gestellte Fragen werden auf Zuruf oder Moderationskarten gesammelt und in das vorhandene Bild eingefügt.

Die Darstellung können Sie bereits in der Vorbereitung ganz oder teilweise beschriften oder mit den teilnehmenden Personen gemeinsam erarbeiten, was sicherlich spannender ist. Um die textlichen Inhalte einzufügen, bietet sich der Einsatz von Moderationskarten oder Sticky Notes an, das sind großformatige Klebezettel und auch als Post-it bekannt. Je großflächiger ihre Visualisierung ist, desto besser ist die Wirkung und auch das Handling. Die Verwendung von Flipchart-Papierrollen ist empfehlenswert.

Großflächiges Papier steigert die Wirkung und ermöglicht eine umfassende Visualisierung!

Bei einer visuellen Moderation muss es nicht immer eine Hauptbühne geben. Gestalten Sie sich Haupt- und Nebenschauplätze. So bringen Sie nicht nur Bewegung in den Raum, sondern können Detailschritte oder umfassende Lösungsansätze auf separaten Flipcharts oder Pinnwänden entwickeln. Das folgende Beispiel demonstriert diese Vorgangsweise: Grobziel dieser Moderationsaufgabe bei einem Kleinunternehmen war, Visionen für das folgende Geschäftsjahr zu entwickeln. Nachdem kurz davor ein neuer Mitarbeiter ins Unternehmen eingetreten war, wollte der Auftraggeber gleichzeitig die Möglichkeit nützen, um Einblicke in vorhandene Strukturen und Verantwortungsbereiche zu ermöglichen. Dabei sollten vor allem die Stärken seines Teams bewusst gemacht werden. Im nebenstehenden Flipchart waren alle wichtigen Faktoren visualisiert. Das Ziel der Moderation war die Erstellung geeigneter Visionen für das Unternehmen. Der Fluss symbolisiert den Weg dorthin. Das Team im Boot weist auf die die Wichtigkeit und Notwendigkeit einer Rollenverteilung hin, um nicht an vorhandenen Schwierigkeiten, dargestellt durch einen Stein im Wasser, zu scheitern. Die Spielkarten geben den Hinweis auf wichtige Spielregeln im Team. Die gezeichnete Schatztruhe ist Ausdruck vorhandener Erfolgsfaktoren. Die Berge wiesen auf mögliche Herausforderungen und Begrenzungen hin, die Wolke auf eventuelle Gefahren. Sämtliche Faktoren wurden dann im Zuge der Moderation erarbeitet und die Ergebnisse auf das Haupt-Flipchart übertragen.

Am Ende dieser Moderation ergab sich eine in dieser Form zusammengefasste Dokumentation.

Themen sammeln – Themenspeicher

Das Erfassen der zu behandelnden Themen ist der erste inhaltliche Arbeitsschritt. Dazu gibt es unterschiedliche Methoden, um Themen festzulegen, die behandelt werden sollen. In vielen Fällen ist der erste Schritt die Visualisierung einer konkreten Fragestellung. Möglichkeiten dazu sind:

- Damit diese Klausur für mich ein Erfolg wird, müssen folgende Themen behandelt werden.
- Worüber möchten Sie hier sprechen?
- Welche Probleme sollen hier gelöst werden?
- Woran sollen wir arbeiten?

Der weitere Ablauf könnte dann möglicherweise sein, dass TeilnehmerInnen ihre Antworten auf Moderationskarten schreiben (Querformat verwenden, max. 3 Zeilen), diese werden eingesammelt und an der Pinnwand geordnet und strukturiert. Ebenso lässt sich dieser Schritt mit Mindmapping, Brainstorming oder einer Pro-Kontra-Abfrage durchführen. In der visuellen Moderation bedient man sich im Prinzip derselben Vorgangsweise, wobei man mit zusätzlichen Visualisierungen mehr Schwung in die Sache bekommt. Dazu drei Anwendungsbeispiele im direkten Vergleich:

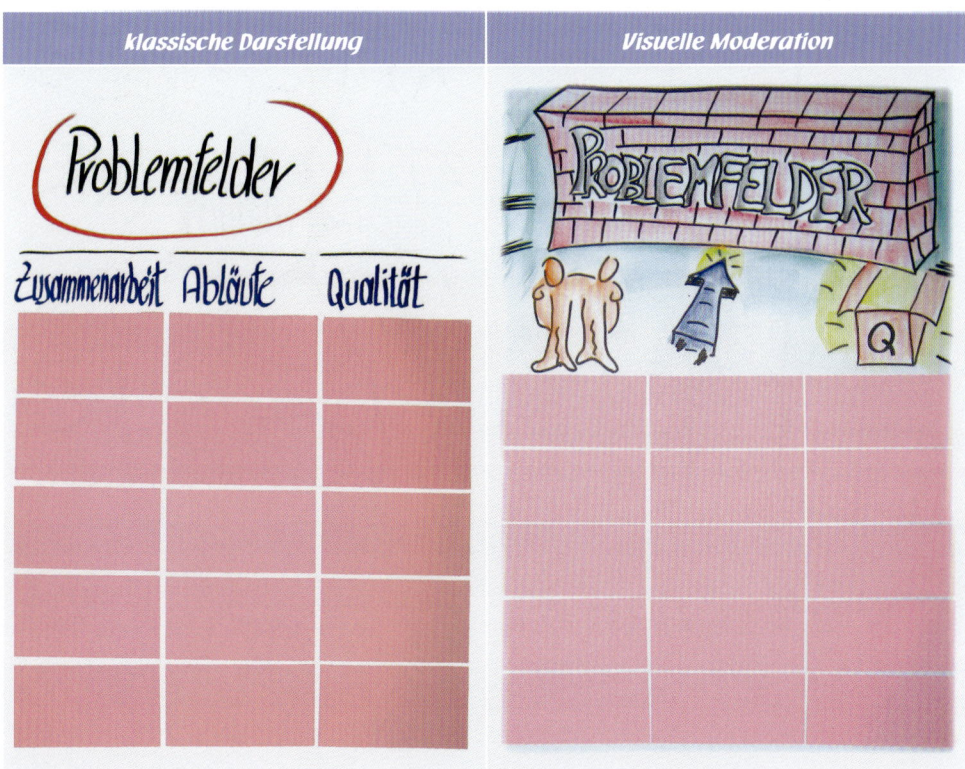

| klassische Darstellung | Visuelle Moderation |

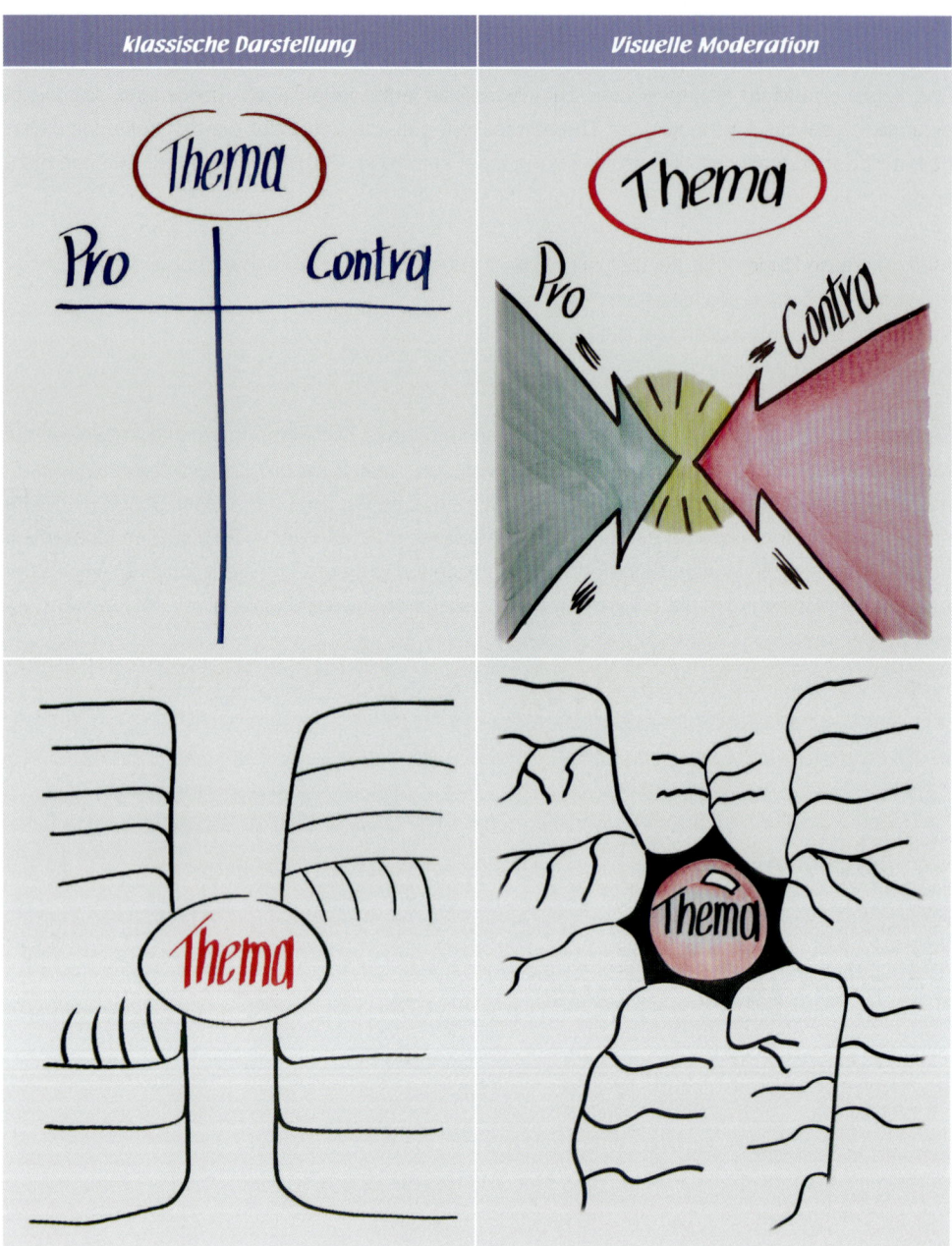

Moderationstechniken werden nicht immer eingesetzt, um bestehende Probleme zu orten und Maßnahmen abzuleiten. Die primären drei Ziele einer Moderation, Ideen sammeln, Vorschläge entwickeln und Maßnahmen erarbeiten, lassen sich entsprechend der Themenstellung unterschiedlich gewichten und optional einsetzen. Nicht allzu selten kommt es vor, dass die zu behandelnden Themen vorgegeben sind und die Fokussierung der TeilnehmerInnen auf bestimmte Faktoren innerhalb einer Thematik gelenkt wird. Die folgende Aufgabe bestand darin, einen Teambildungsprozess zu moderieren. Die folgende Visualisierung diente als Leitfaden durch die Moderation und beinhaltet die wesentlichen Themenschwerpunkte:

Zweck der Teambildung

Zu Beginn der Moderation sollte die Frage „Warum besteht dieses Team und welchen Zweck hat es?" geklärt werden. Der Nutzen für die Einrichtung einer Teamarbeit sollte für alle Beteiligten klar erkennbar sein.

Teammitglieder

Es erfolgte die Offenlegung der unterschiedlichen Charaktere von Teammitgliedern und deren Fähigkeiten. Wichtig dabei ist zu erfahren, welche unterschiedlichen Eigenschaften betreffend der persönlichen und fachlichen Kompetenzen in das Team eingebracht werden.

Teamziele

Die Unterscheidung zwischen individuellen und gemeinsamen Zielen zeigt Gemeinsamkeiten in der Zielvorstellung auf. Gemeinsame Ziele verbinden die Teammitglieder und legen die Marschrichtung fest. Daher erfolgte in dieser Phase die Zielformulierung, welche das Team gemeinsam erreichen möchte.

Strategieentwicklung

Die Frage nach der Strategie der Zielerreichung ist gleichzeitig die Frage nach dem „WIE?". Beginnend mit dem Einsatz unterschiedlicher Kreativitätstechniken (Brainstorming, Brainwriting, Walt Disney ...) erfolgte die Findungsphase nach umsetzbaren Strategien, welche zur Erreichung der Teamziele geeignet sind. Realitätsbezug, Praxistauglichkeit und Erfolgswahrscheinlichkeit ergaben sich durch geeignete Selektierungsmethoden.

Maßnahmenplanung

Aktionen zu planen, ohne Umsetzungsschritte festzulegen, bringen in der Regel keinen Erfolg. Die Festlegung der ersten Umsetzungsschritte und die Planung weiterer Maßnahmen waren wesentlich zur Zielerreichung. Weitere Erfolgsparameter sind die Klärung der einzelnen Verantwortlichkeiten sowie der zeitliche Ablauf.

Rollenklärung

Unterschiedliches Rollenverständnis führt gerade in der Teamarbeit häufig zu Konflikten. Teamarbeit als gemeinsame Vorgehensweise bedeutet deshalb ein Rollenverständnis aller Beteiligten.

Auch dieses Flipchart zeigt, wie sich thematische Schwerpunkte visuell darstellen lassen. Es macht einen Moderationsprozess einfach spannender, wenn nicht nur die Kreativität der TeilnehmerInnen gefordert wird, sondern ModeratorInnen mit gutem Beispiel vorangehen.

Themenspezifische Visualisierungen haben bessere Ergebnisse zur Folge!

Visions-, Missions- oder Strategieentwicklungen erfordern in vielen Fällen einen Rückblick auf die Unternehmensentwicklung. Mit so genannten Historienkarten lässt sich die Vergangenheit einer Organisation verständlich illustrieren, und dabei ergibt sich häufig auch das Idealbild der angestrebten Zukunft des Unternehmens.

Die wandgroßen Bilder sollen dabei bewerkstelligen, was durch Worte von Vorgesetzten und schriftlicher Dokumentation oft nur selten gelingt. Es geht dabei auch darum, MitarbeiterInnen emotional zu berühren, zum selbstkritischen Nachdenken zu bringen und durch das Voraugenführen gemeinsamer Erfolge und Werte zur engagierten Mitarbeit zu bewegen. Veränderungsprozesse scheitern erfahrungsgemäß weniger am Können, vielmehr am Wollen der Beteiligten.

Ein positives Bild vor Augen macht Erfolge bewusst.

Themenauswahl

Zurückgekehrt in die dritte Phase der klassischen Moderationsmethode, steht hier die Auswahl der zu bearbeiteten Themen bzw. die Festlegung der Reihenfolge (Prioritätensetzung) an. Beginnend mit der Formulierung einer zielgerichteten Fragestellung und deren Visualisierung an der Pinnwand, werden Themen aus dem vorhandenen Themenspeicher mit Klebepunkten von den TeilnehmerInnen gewichtet.

$$n \geq \frac{Themen}{2} - 1$$

Die Anzahl der Punkte (n) je TeilnehmerIn richtet sich nach der Fülle an Themen. Die nebenstehende Formel lässt sich für eine Berechnung sehr gut verwenden.

In vielen Moderationen bedarf es neben einer Prioritätensetzung auch einer Entscheidung, wobei das jetzt nicht ausschließlich in der Phase drei des Moderationskreislaufes stattfinden muss. Wichtig dabei ist, und das wird öfters verabsäumt, im Vorhinein zu klären, welche Art der Entscheidungsfindung im konkreten Fall anzuwenden ist. Das kann je nach TeilnehmerInnenkreis und Themeninhalt unterschiedlich sein. Ob Mehrpunkt- oder Einpunktabfrage, klären Sie vor einer Bewertung den Entscheidungsmodus. Das erspart Ihnen nachträgliche Diskussionen.

- **Einstimmigkeit:** erfordert 100 % der Punkte
- **Absolute Mehrheit:** erreicht bei 50 % plus 1 Punkt
- **Zweidrittelmehrheit:** erreicht bei 66 % plus 1 Punkt

Themen bearbeiten

Entsprechend der festgelegten Rangordnung oder einer vorgegebenen Struktur werden die einzelnen Themen bearbeitet. Die Zielsetzung kann dabei

- eine Informationssammlung oder ein Informationsaustausch, eine Problemanalyse,
- die Erarbeitung konkreter Lösungen,
- die Sammlung von Vorschlägen und Alternativen zur Entscheidungsvorbereitung
- oder auch eine Entscheidungsfindung sein.

Übliche Methoden, wie beispielsweise eine Zwei-Felder-Tafel, werden in der visuellen Moderation wiederum zeichnerisch unterstützt.

Obwohl inhaltlich dieselben Dimensionen verwendet werden, ist jener Gruppenprozess, welcher durch die rechte Darstellung eingeleitet wird, mit mehr Aktivität und Kreativität ausgestattet. Versuchen Sie es bei Ihrer nächsten Moderation, und der Erfolg wird Ihnen recht geben.

Wie immer auch die beiden, meist entgegengesetzten, Faktoren benannt werden, versuchen Sie dazu ein passendes Bild zu integrieren. Vor allem, wenn es um Themen der besseren Zusammenarbeit, der Gruppen- und Teamentwicklung oder der Stärken-Schwächen-Analyse geht, verwende ich gerne Bäume in meinen Darstellungen. Diese assoziieren Stärke durch Wachstum, geben Schutz, sind standhaft und verbildlichen ebenso den Begriff Kompetenz.

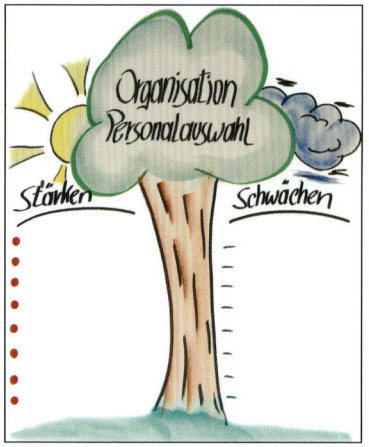

Die Baumkrone eignet sich gut als Platzhalter für das Thema oder die konkrete Fragestellung. Wie hier gezeigt, werden die Faktoren Stärken – Schwächen durch zusätzliche Symbolik im Ausdruck unterstützt. Eine weitere Möglichkeit ist die Verwendung von reifem und unreifem Obst. Klassisch dafür sind der rote und der grüne Apfel.

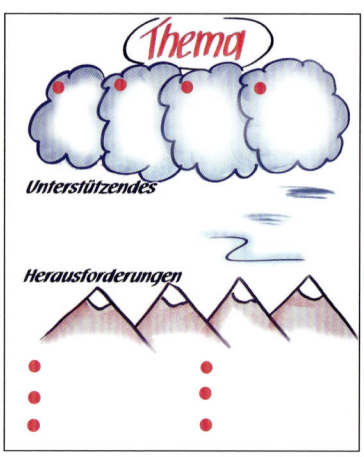

Die Gegensätzlichkeit muss nicht immer in der linken und rechten Hälfte erfolgen, sie kann auch oben und unten positioniert sein. Das nebenstehende Bild veranschaulicht diese Option. Wolken müssen demnach nicht immer eine Bedrohung (Gewitter) sein, sondern bewirken auch Wachstum durch Regen. Berge stellen wie schon so oft auch hier eine Herausforderung dar.

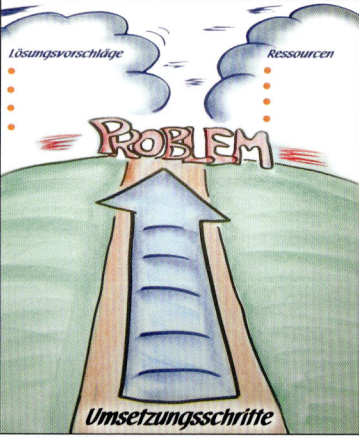

Diese zwei weiteren Anwendungsmöglichkeiten beweisen die Darstellungsvielfalt.

Kommen wir nun zu einer der bekanntesten Vier-Felder-Matrizes, der SWOT-Analyse (Synonym für die Begriffe **S**trengths [Stärken], **W**eaknesses [Schwächen], **O**pportunities [Chancen] und **T**hreats [Gefahren]). Diese Matrix ist ein Werkzeug des strategischen Managements, wird aber auch für formative Evaluierungen und Qualitätsentwicklungen von Programmen eingesetzt. Gelegentlich trifft man auch auf die Bezeichnung SPOT-Analyse (Synonym für die Begriffe Satisfactions, Problems, Opportunities und Threats). Ob SPOT oder SWOT, mit dieser einfachen und flexiblen Methode werden sowohl innerbetriebliche Stärken und Schwächen als auch externe Chancen und Gefahren betrachtet, welche die Handlungsfelder des Unternehmens betreffen.

Aus der Kombination der Stärken-Schwächen-Analyse und der Chancen-Gefahren-Analyse kann eine ganzheitliche Strategie für die weitere Ausrichtung der Unternehmensstrukturen und der Entwicklung der Geschäftsprozesse abgeleitet werden. Entscheidend für den Erfolg sind immer konkrete und am Ziel ausgerichtete Maßnahmen, die konsequent umgesetzt werden müssen.

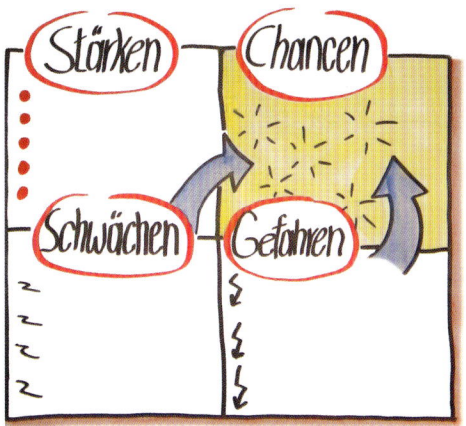

Folgende Fehler können häufig in veröffentlichten SWOT-Analysen beobachtet werden:

- Durchführung einer SWOT-Analyse, ohne davor ein Ziel (einen Soll-Zustand) zu vereinbaren. Wird der gewünschte Soll-Zustand nicht vereinbart, werden die TeilnehmerInnen unterschiedliche Soll-Zustände erreichen, was zu schlechteren Resultaten führt.
- Externe Chancen werden oft mit internen Stärken verwechselt. Sie sollten streng auseinander gehalten werden.
- SWOT-Analysen werden oft mit möglichen Strategien verwechselt. SWOT-Analysen beschreiben Zustände, Strategien hingegen Aktionen.
- Bei der SWOT-Analyse wird keine Priorisierung vorgenommen. Es lassen sich keine konkreten Maßnahmen ableiten, Maßnahmen werden also weder beschlossen noch umgesetzt.

Um sich selbst gegenwärtige Situationen besser veranschaulichen zu können, sollten Sie dieses Bild verwenden. An eine konkrete Situation angepasste Feld-bezeichnungen geben die Chance, aus unterschiedlichen Blickwinkeln neue Erkenntnisse zu erhalten.

Von der bewährten Darstellung des Fischgrätendiagramms entliehen, lassen sich Ursachen-Wirkung-Beziehungen für positive Entwicklungen auch auf diese Art zeichnen.

Ein wahrer Wirbelsturm an Informationen trägt hier zur Beschleunigung bei. Mit Unterstützung des Brainstormings werden Impulse und Ideen gesammelt, um daraus Maßnahmen abzuleiten.

Unterschiedliche Sichtweisen, Gedanken und Erfahrungen innerhalb einer Gruppe oder eines Teams werden hier gesammelt. Ebenso lässt sich eine inhaltliche Zusammenführung von Ergebnissen aus verschiedenen Kleingruppenarbeiten mit Hilfe dieser Darstellung bewerkstelligen.

Unterschiedliche Sektoren und Ebenen stellen eine grafische Verteilung von Faktoren dar. Ideal für die Darstellung einer persönlichen Ressourcenverteilung im Sinne von Work-Life-Balance.

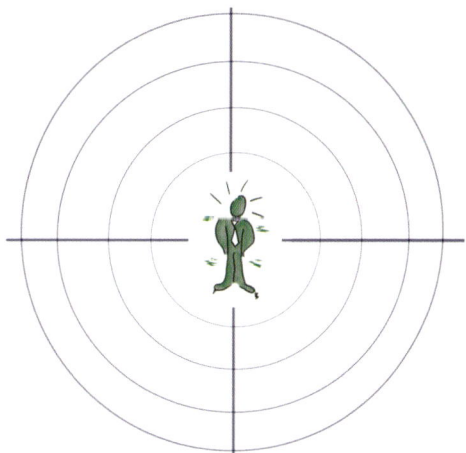

Maßnahmen planen

Aufgrund der Themenbearbeitung sind in der inhaltlich letzten Phase einer Moderation die Ergebnisse in konkrete Maßnahmen umzusetzen. Dazu müssen sich die TeilnehmerInnen einigen, welche angedachten Maßnahmen oder Lösungen sie weiterverfolgen. Dies ist notwendig, um

- eine Struktur für die weitere Umsetzung zu schaffen,
- die Realisierung sichtbar zu dokumentieren
- und um Verantwortlichkeiten und Termine zu fixieren.

Die Moderatorin/der Moderator hat darauf zu achten, dass genaue und konkrete Formulierungen entstehen.

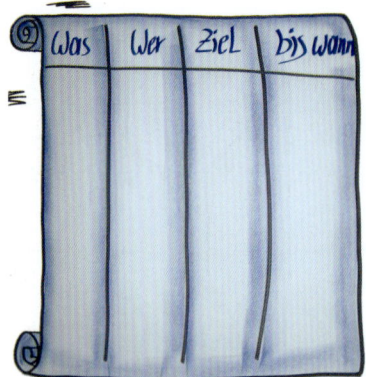

Die kürzeste Form einer klassischen To-do-Liste enthält Antworten auf die Fragestellung: „Was macht wer bis wann?". Erweiterte Formen um die Dimensionen: „Mit welchem Ziel, ab wann und an wen erfolgt eine Rückmeldung?" sind je nach Bedarf und Sinnhaftigkeit wählbar.

Visualisierungsmöglichkeiten von Maßnahmenlisten wurden bisher schon einige vorgestellt. Vor allem jene Darstellungen, wo Aufgaben- und Maßnahmenpakete in Pfeilformationen integriert sind, erweisen sich als sehr aktionistisch wirkend.

Andernfalls lassen sich auch hier zusätzliche Symbole verwenden, um der Gestaltung einer Liste mehr an Ausdruck zu verleihen.

Moderationsabschluss

Sind die Durchführungsphasen beendet und liegt das End-
ergebnis vor, erfolgt die Rückblende auf das Arbeitsergeb-
nis und den Arbeitsprozess. Mittels Soll-Ist-Vergleich sind
die eingangs gestellten Erwartungen und vorgegebenen
Ziele dem erreichten Ergebnis gegenüberzustellen. Als
wichtiger Punkt der Rückblende ist auch der Prozess zu
bewerten, welcher zum Ergebnis geführt hat. Eine kritische
Reflektion dessen führt zu künftigen Verbesserungen auf
allen Seiten.

Durch eine Rückschau lernen wir aus den gemachten Erfahrungen und erschließen Ressourcen für die Zukunft.

Häufig wird die Abschlussfrage in der klassischen Moderation durch eine Ein-Punkt-Abfrage
visualisiert (siehe Bild oben). Sie eignet sich, um Klarheit über den gelaufenen Gruppenprozess und die Zielerreichung zu erhalten. Die TeilnehmerInnen kommentieren das Bild der Ab-
frage oder jede Teilnehmerin/jeder Teilnehmer sagt, wo gepunktet wurde und erläutert dies.
Hier noch ein Bild einer ausführlichen Reflektion in der visuellen Moderation.

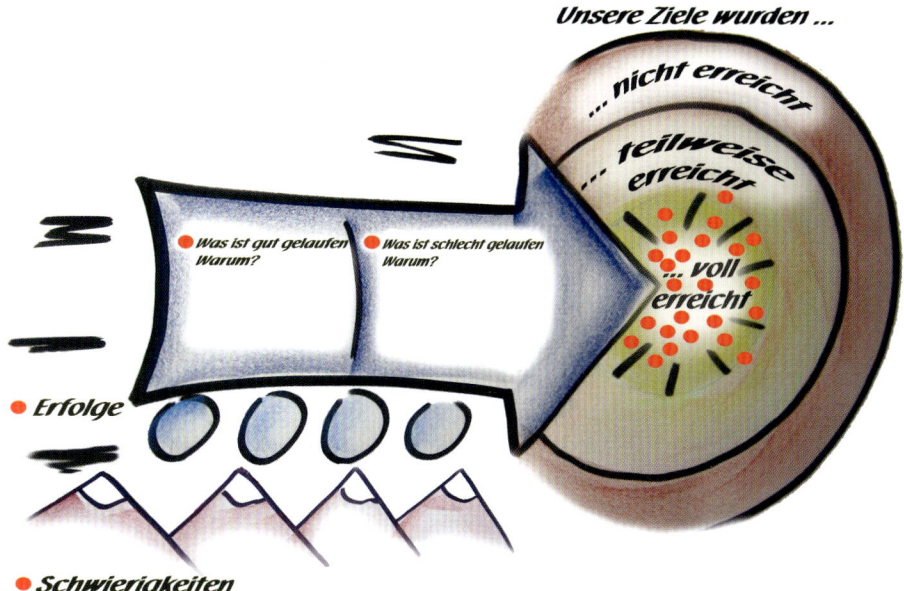

Ausblick

Ich hoffe, dass ich Ihnen mit meinen Ausführungen viele neue Impulse für Ihre künftige Arbeit geben konnte. Was mir aber viel mehr am Herzen liegt, ist der Umstand, dass viele Menschen sich nicht bewusst sind, welch ungeheures Potential an Kreativität und zeichnerischer Fähigkeit in ihnen steckt. Wenn es mir gelungen ist, dieses Potential bei ihnen zu wecken, habe ich mein Ziel mehr als erreicht. Für jene, die ich bei ihrer Zielerreichung noch unterstützen darf, stelle ich mein Seminarangebot „Flipcharts for Business", abrufbar unter der folgender Internetadresse, gerne zur Verfügung.

www.Flipchartgestaltung.at

Literaturverzeichnis

Crove (1993): Fundamental of Graphic Language. San Francisco: Grove.

Hierhold, E. (1994): Sicher präsentieren – wirksamer vortragen.
Wien: Wirtschaftsverlag Überreiter.

Gallwey, T. W. (2000): The Inner Game of Work. Focus, Learning, Pleasure and Mobility in the Workplace. New York: Random House Inc.

Seifert, J. W. (2004): Visualisieren – Präsentieren – Moderieren. Gabal Verlag GmbH.

Spitzer, M. (2006): Lernen. Gehirnforschung und die Schule des Lebens:
Spektrum Akademischer Verlag.

Stadlbauer, A. (2007): Kreative Flipchartgestaltung. Kreativ und mit Freude Wissen vermitteln.
Linz: Trauner Verlag.